"十三五"高职高专·赋能系列规划教材
教育部现代学徒制试点院校系列教材

MySQL 数据库原理及应用

主　编　黄龙泉　王　磊　孙继红
副主编　林龙健　严　梅　何受倩
主　审　汪海涛

中国铁道出版社有限公司
CHINA RAILWAY PUBLISHING HOUSE CO., LTD.

内 容 简 介

本书为体现工学结合的高职人才培养理念，强调"实用为主、必需和够用为度"的原则，在知识与结构上有所创新，采用基于工作过程的编写方式，不仅符合高职高专学生的学习特点，而且紧密联系社会实际工作，真正实现学以致用。

全书以网上书城数据库为载体，全面介绍了数据库的设计、数据操纵和数据库管理。全书共分为 12 个项目，每个项目包含若干个任务，其中项目 1 至项目 9 包含项目实训和课后习题。经过编者的精心设计，形成便于学生学习的工作任务，每个工作任务包含大量的实用案例。本书将知识点和技能训练融入各个任务中，实现了教学做一体化。

本书可供高职院校软件技术、计算机网络技术、电子商务等相关专业学生使用，也可作为网络数据库开发人员与管理人员的入门参考书。

图书在版编目（CIP）数据

MySQL数据库原理及应用 / 黄龙泉，王磊，孙继红主编. —2版. —北京：中国铁道出版社有限公司，2022.12

"十三五"高职高专·赋能系列规划教材　教育部现代学徒制试点院校系列教材

ISBN 978-7-113-28785-6

Ⅰ.①M… Ⅱ.①黄… ②王… ③孙… Ⅲ.①SQL语言-程序设计-高等职业教育-教材 Ⅳ.①TP311.132.3

中国版本图书馆CIP数据核字（2022）第010720号

书　　名：MySQL 数据库原理及应用

作　　者：黄龙泉　王　磊　孙继红

策划编辑：韩从付　　　　　　　　　　编辑部电话：（010）63549508
责任编辑：张　彤
封面设计：刘　颖
责任校对：苗　丹
责任印制：樊启鹏

出版发行：中国铁道出版社有限公司（100054，北京市西城区右安门西街 8 号）
网　　址：http://www.tdpress.com/51eds/

印　　刷：三河市宏盛印务有限公司

版　　次：2017 年 2 月第 1 版　2022 年 12 月第 2 版　2022 年 12 月第 1 次印刷
开　　本：787 mm×1 092 mm　1/16　印张：15.25　字数：340 千
书　　号：ISBN 978-7-113-28785-6
定　　价：42.00 元

版权所有　侵权必究

凡购买铁道版图书，如有质量问题，请与本社教材图书营销部联系调换。电话：（010）63550836
打击盗版举报电话：（010）63549461

第二版前言

教材建设是高职院校教育教学工作的重要组成部分，高质量的教材是培养高质量人才的基本保证，高职教材作为体现高职高专教育特色的知识载体和教学的基本工具，直接关系到高职教育能否为一线岗位培养符合要求的技术型、应用型人才，但是长期以来，高职院校所使用的教材还是以传统模式的教材为多，而符合高职教育规律的、基于工作过程的教材却严重不足。

本书以一个实际的网上书城数据库为载体，全面介绍了应用 MySQL 数据库管理系统进行数据库管理的各种操作，包括数据库设计、数据操纵和数据库管理等。

本书具有以下特色：

（1）项目驱动。本书将数据库的常用操作分为 12 个项目，每个项目包含若干个任务，每个任务中通过多个案例来讲解。以 MySQL 具体的实际应用需求出发，从数据库应用软件开发的角度组织知识内容，将知识点融入实际项目开发中，注重解决具体应用问题的方法和实现技术。

（2）真实案例，一案到底。项目以网上书城数据库为中心来组织内容，实训和习题也分别采用不同的数据库来要求学生完成类似的项目，采用"大案例一案到底"的组织方式使零散的知识具有连贯性，使学生对数据库的认识更加完整。同时加强案例与实际生活的联系，使案例具有实用性和趣味性。

（3）以实用技能为核心。本书选取内容遵循实用原则和"80/20"原则。实用原则指的是所选择的技术一定是能够解决工作中实际问题的技术，"80/20"原则是指企业 80% 的时间在使用 20% 的核心技术。因此本书摒弃了大量的非核心的理论知识及技术，而专注于常用的核心技术讲解及训练。"以用为本、学以致用、不用不学、学了就会"是本书内容选择的标准。

（4）实现"教、学、做"一体化。每一任务均是先提出任务目标，然后由教师演示完成任务过程，最后由学生模仿完成类似的任务。在教学做过程中，通过三重循环使学生掌握知识点。第一重为认识和模仿，第二重为熟练和深化，第三重为创新和提高。

本书由广东科贸职业学院组织编写，由黄龙泉、王磊、孙继红担任主编，林龙健、严梅、何受倩担任副主编，荔峰科技（广州）有限公司肖茂材参与编写。本书由汪海涛主审。在本书编写过程中，得到了同行的大力支持和帮助，在此一并表示感谢。

本书可供高职院校软件技术、计算机网络技术、电子商务等相关专业学生使用，也可作为网络数据库开发人员与管理人员的入门参考书。

由于编者水平有限，书中的错误和不足之处在所难免，恳请读者批评指正。本书配有电子素材和教学用 PPT，可以到中国铁道出版社教育资源数字化平台 http://www.tdpress.com/51eds/ 下载。

编　者

2022 年 10 月

目 录

◎ 项目 1　数据库管理环境的建立 ·· 1

任务 1.1　了解数据库的基础知识 ·· 2

　　1.1.1　课程定位 ·· 2
　　1.1.2　数据库的定义 ·· 3
　　1.1.3　数据库技术的发展史 ·· 4
　　1.1.4　数据库系统模型 ·· 6
　　1.1.5　常见数据库简介 ·· 7

任务 1.2　MySQL 的安装与配置 ·· 9

　　1.2.1　MySQL 简介 ·· 9
　　1.2.2　MySQL 服务器的安装 ·· 10
　　1.2.3　MySQL 图形化管理工具 ·· 16

任务 1.3　了解网上书城数据库 ·· 18

　　1.3.1　网上书城数据库的来源 ·· 18
　　1.3.2　网上书城功能描述 ·· 19
　　1.3.3　网上书城数据表介绍 ·· 19

项目实训 1　安装配置 MySQL ·· 25
　课后习题 ·· 25

◎ 项目 2　数据模型的规划与设计 ·· 27

任务 2.1　数据库关系模型的设计 ·· 28

　　2.1.1　数据模型概述 ·· 28
　　2.1.2　概念模型 ·· 29
　　2.1.3　E-R 图的设计 ·· 31
　　2.1.4　建立数据库的关系模型 ·· 34
　　2.1.5　关系数据库的设计步骤 ·· 38

任务 2.2	数据库规范化设计	39
2.2.1	数据规范化的意义	39
2.2.2	函数依赖的概念	40
2.2.3	三大范式	40
2.2.4	规范化设计小结	43

项目实训 2　创建数据模型 43
课后习题 44

◎ 项目 3　网上书城数据库和表的管理 46

任务 3.1	使用 SQL 语句操作数据库	48
3.1.1	创建数据库	48
3.1.2	操作数据库	48
3.1.3	数据库存储引擎	50
任务 3.2	掌握数据表的基础知识	52
3.2.1	表的定义	52
3.2.2	列名	52
3.2.3	数据类型	52
3.2.4	长度	55
任务 3.3	设计与创建网上书城数据表	55
3.3.1	表的设计步骤	55
3.3.2	项目中的部分表	55
3.3.3	使用 SQL 语句创建数据表	56
任务 3.4	数据完整性约束	57
3.4.1	数据完整性概述	57
3.4.2	主键约束	58
3.4.3	外键约束	59
3.4.4	唯一约束	60
3.4.5	默认值约束	61
3.4.6	非空约束	61
任务 3.5	使用 SQL 语句操作数据表	61

3.5.1	修改数据表	61
3.5.2	修改表名	62
3.5.3	删除数据表	63

任务 3.6　管理数据表数据　63

3.6.1	插入记录	63
3.6.2	修改记录	65
3.6.3	删除记录	65

项目实训 3　数据库和表的管理　66

课后习题　70

◎ 项目 4　网上书城数据库的查询　74

任务 4.1　掌握单表查询　76

4.1.1	简单查询	76
4.1.2	条件查询	78
4.1.3	使用 ORDER BY 查询排序	80
4.1.4	使用 LIMIT 子句	82
4.1.5	聚合函数	82
4.1.6	使用 GROUP BY 子句分组查询	83

任务 4.2　掌握多表连接查询　86

4.2.1	内连接	86
4.2.2	外连接	89
4.2.3	交叉连接	90
4.2.4	自连接	91
4.2.5	联合查询	91

任务 4.3　掌握子查询操作　92

4.3.1	使用比较运算符的子查询	92
4.3.2	[NOT] IN 子查询	93
4.3.3	ANY 子查询	94
4.3.4	ALL 子查询	95
4.3.5	[NOT] EXISTS 子查询	95

任务 4.4　MySQL 运算符 ·· 96
4.4.1　算术运算符 ·· 96
4.4.2　比较运算符 ·· 97
4.4.3　逻辑运算符 ·· 98
4.4.4　位运算符 ·· 98
4.4.5　运算符的优先级 ·· 99

任务 4.5　系统内置函数 ·· 99
4.5.1　字符串函数 ·· 99
4.5.2　日期函数 ·· 102
4.5.3　数学函数 ·· 104
4.5.4　系统函数 ·· 106
4.5.5　其他函数 ·· 107

项目实训 4　数据的查询 ·· 107
课后习题 ·· 109

◎ 项目 5　索引与视图的设计 ·· 112
任务 5.1　创建与管理索引 ·· 113
5.1.1　索引概念 ·· 113
5.1.2　索引分类 ·· 113
5.1.3　创建索引 ·· 114
5.1.4　删除索引 ·· 116

任务 5.2　创建与管理视图 ·· 116
5.2.1　了解视图 ·· 116
5.2.2　创建视图 ·· 117
5.2.3　查看视图 ·· 118
5.2.4　修改视图 ·· 119
5.2.5　重命名视图 ·· 120
5.2.6　删除视图 ·· 120

项目实训 5　索引与视图的管理 ·· 120
课后习题 ·· 121

项目 6　存储过程的规划与设计 ························ 122

任务 6.1　了解存储过程 ························ 123
6.1.1　存储过程的概念 ························ 123
6.1.2　存储过程的优缺点 ························ 124
6.1.3　存储过程参数介绍 ························ 124

任务 6.2　设计存储过程 ························ 125
6.2.1　创建存储过程 ························ 125
6.2.2　局部变量的使用 ························ 127
6.2.3　定义条件和处理程序 ························ 129
6.2.4　学会使用流程控制语句 ························ 131

任务 6.3　管理存储过程 ························ 136
6.3.1　修改存储过程 ························ 136
6.3.2　删除存储过程 ························ 136

任务 6.4　游标 ························ 137
6.4.1　游标概述 ························ 137
6.4.2　使用游标 ························ 137
6.4.3　游标的应用 ························ 138

任务 6.5　学会使用事务处理 ························ 139
6.5.1　事务概述 ························ 139
6.5.2　事务的操作 ························ 140

项目实训 6　创建存储过程 ························ 142
课后习题 ························ 143

项目 7　触发器的规划与设计 ························ 145

任务 7.1　触发器的创建 ························ 146
7.1.1　认识触发器 ························ 146
7.1.2　创建触发器 ························ 146

任务 7.2　触发器的基本操作 ························ 148
7.2.1　查看触发器 ························ 148
7.2.2　删除触发器 ························ 150

项目实训 7　操作触发器 ·· 150
课后习题 ··· 151

◎ 项目 8　数据库的日常管理与维护 ··· 152

任务 8.1　数据库的备份 ·· 153
8.1.1　使用 mysqldump 命令备份 ·· 153
8.1.2　直接复制整个数据库目录 ·· 155

任务 8.2　数据库的还原 ·· 155
8.2.1　使用 mysql 命令还原 ·· 155
8.2.2　直接复制整个数据库目录 ·· 156

任务 8.3　数据的导出和导入 ·· 156
8.3.1　数据导出 ·· 157
8.3.2　数据导入 ·· 161

项目实训 8　日常维护与管理 ·· 163
课后习题 ··· 164

◎ 项目 9　用户和数据安全 ··· 165

任务 9.1　添加和删除用户 ·· 166
9.1.1　添加用户 ·· 166
9.1.2　删除用户 ·· 167
9.1.3　修改用户名 ·· 167
9.1.4　修改密码 ·· 168

任务 9.2　权限管理 ·· 168
9.2.1　权限 ·· 169
9.2.2　授予权限 ·· 170
9.2.3　回收权限 ·· 173

项目实训 9　用户和数据安全 ·· 173
课后习题 ··· 174

◎ 项目 10　使用 PowerDesigner 设计数据库 ·· 176

任务 10.1　使用 PowerDesigner 规划数据库 ··· 177
10.1.1　数据库系统规划和设计过程 ·· 177

10.1.2 网站数据库系统需求概述 ·············· 178
  10.1.3 创建需求模型 ······················ 179
  10.1.4 创建概念数据模型 ·················· 181

 任务 10.2 使用 PowerDesigner 实现数据库 ········ 186
  10.2.1 创建物理数据模型 ·················· 186
  10.2.2 创建面向对象模型 ·················· 189
  10.2.3 生成创建数据库脚本 ················ 190

◎ 项目 11 Java Web 程序操作 MySQL 数据库 ········ 195
 任务 11.1 认识 JDBC ························ 196
  11.1.1 JDBC 概述 ······················· 196
  11.1.2 MySQL JDBC 驱动的下载 ············ 197
  11.1.3 JSP 访问 MySQL 数据库 ············· 198

 任务 11.2 JSP 操作 MySQL 数据库 ·············· 200
  11.2.1 JSP 查询数据 ····················· 200
  11.2.2 JSP 插入数据 ····················· 202
  11.2.3 JSP 修改数据 ····················· 203
  11.2.4 JSP 删除数据 ····················· 205

◎ 项目 12 PHP+MySQL 开发企业新闻系统 ········· 207
 任务 12.1 企业新闻系统设计 ·················· 208
  12.1.1 新闻发布系统概述 ·················· 208
  12.1.2 网站服务器介绍 ···················· 209
  12.1.3 新闻数据库设计 ···················· 209
  12.1.4 定义 news 站点 ··················· 210
  12.1.5 设置数据库连接 ···················· 211

 任务 12.2 新闻管理系统后台开发 ··············· 211
  12.2.1 后台整体规划 ····················· 212
  12.2.2 用户登录 ························ 212
  12.2.3 发布新闻 ························ 213
  12.2.4 操作新闻 ························ 219

任务 12.3　企业新闻系统前台设计 ······ 224
12.3.1　网站前台基本设置 ······ 224
12.3.2　新闻列表页设计 ······ 224
12.3.3　新闻内容页设计 ······ 226
12.3.4　新闻分类页设计 ······ 227
12.3.5　热门新闻和最新动态 ······ 228

◎ 参考文献 ······ 230

项目 1
数据库管理环境的建立

📖 学习目标

● **知识目标**

1. 理解数据库、数据库管理系统的概念。
2. 了解数据库技术的发展史。
3. 掌握数据库系统的组成。
4. 了解常见的数据库。
5. 掌握 MySQL 的安装。

● **能力目标**

1. 具备安装 MySQL 数据库服务器的能力。
2. 具备启动和停止 MySQL 服务的能力。
3. 能够实现图形化界面查询窗口实现查询。
4. 具备分析网上书城数据库系统的能力。

● **素质目标**

1. 培养创新意识、创新精神,能够在目前流行的数据库的使用、大数据存储以及数据库系统方面提出自己新的观点与见解。
2. 制作主题为"数据库技术发展史"的演示文稿,分小组上台展示。培养网络信息搜索能力,能够在网上搜索数据库发展史、常用数据库的新知识。

● **素质园地**

1. 数据是如何在网络是进行传输的?帮助学生树立正确的人生目标和远大理想,并向着自己的目标努力前行。
2. 通过开源社区的活跃现状,鼓励学生传承开放包容、互利互赢的互联网精神,在行业发展的大潮中更好地实现个人发展。

项目简介

数据库（Database）技术的发展，已经成为先进信息技术的重要组成部分，是现代计算机信息系统和计算机应用系统的基础和核心，同时，数据库也是程序开发人员必须掌握的技术之一。建立一个行之有效的管理信息系统已成为每个企业或组织生存和发展的重要条件。本项目主要介绍数据库概述、数据库技术的发展历史、数据库系统模型及相关的一些概念，读者应该掌握数据库基本概念、模型和常用的数据库管理系统，掌握 MySQL 的安装与配置。

项目 1 知识要点如图 1-1 所示。

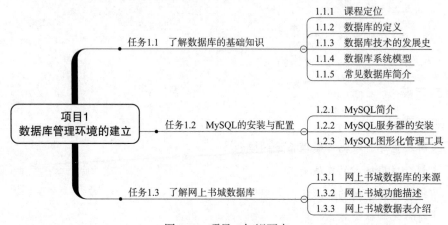

图 1-1　项目 1 知识要点

单词学习

1. Database：数据库
2. Network：网状
3. Management：管理
4. Model：模型
5. Definition：定义
6. Manipulation：操作
7. Table：表
8. Analysis：分析
9. Native Client：本地客户端
10. Edition：版本

任务 1.1　了解数据库的基础知识

1.1.1　课程定位

1. 职业岗位需求

近年来 MySQL 数据库应用开发人员十分紧俏，就业前景非常广阔。其工作主要分为两大部分：一是进行应用开发，按照设计要求编写代码及测试工作；二是对数据库进行安装、创建、维护、备份与恢复及性能优化等管理工作。职业岗位如图 1-2 所示。"网络数据库"主要学习数据库创建、数据库管理、数据库设计、数据库 SQL 语言编程等专项技能，以便能在数据库管理员、系统管理员、程序员和网站设计员等岗位从事数据库管理、系统维护、信息系统开发和网站设计等职务，同时达到数据库应用（高新）资格证书的基本要求。

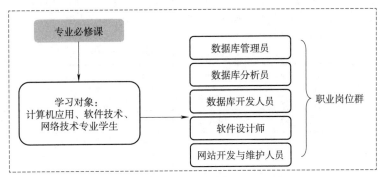

图 1-2　职业岗位

2. 课程地位

"网络数据库"是计算机应用技术、软件技术、计算机网络技术等专业重要的必修课。在学习本课程前，应先完成"C语言程序设计""网页制作"等程序设计课程的学习，具备一定的编程经验和软件开发思想，为数据库技能学习打下基础。课程学习后，可开设"Java程序设计""HTML与网页设计"等课程，后续课程结合本课程的专项技能，实现与数据库相关的信息系统编程、动态网页设计和电子商务网站的构建等。MySQL的课程地位如图1-3所示。

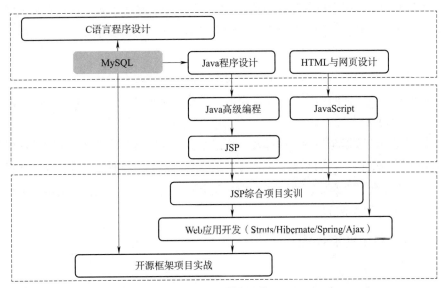

图 1-3　课程地位

1.1.2　数据库的定义

数据库（Database，DB）是将数据按一定的数据模型组织、描述和存储，具有较小的冗余度、较高的数据独立性和易扩展性，并作为各种用户共享的数据集合。

简单来说，数据库是"按照数据结构来组织、存储和管理数据的仓库"。在日常工作中，常常需要相关的数据放进这样的"仓库",并根据管理的需要进行相应的处理。例如,公司或事业单位的人事部门需要把本单位员工的基本情况(包括员工号、姓名、出生年月、学历、籍贯、工资)存放在员工信息表中,如表 1-1 所示。

表 1-1 员工信息表

员工号	姓名	性别	出生年月	学历	籍贯	工资
Yg1001	孔燕	女	1972-8	本科	广东广州	3 000
Yg1002	李晓明	男	1982-4	本科	湖南长沙	2 800
Yg1003	张家杰	男	1976-3	大专	湖北武汉	2 300
Yg1004	何少华	男	1981-2	硕士	云南大理	3 500
Yg1005	蔡洪英	女	1978-5	本科	广西桂林	3 200

从数据库的定义看,使用数据库可以高效且条理分明地存储数据,它使人们能够更加迅速和方便地管理数据。

(1)可以结构化存储大量的数据信息,方便用户进行有效的检索和访问。一般企业的数据库容量会高达数百兆字节(MB),而如银行、证券公司这类信息量较大的部门,其业务数据量会高达几吉字节(GB)甚至几太字节(TB)。因此数据库中存放的数据一般不能直接在内存中进行处理,需要使用大容量而速度相对较低的外部存储设备支持。

(2)可以有效地保持数据信息的一致性、完整性,降低数据冗余。保存在数据库中的数据,可以很好地保证数据有效,不被破坏,而且数据库自身有避免重复数据的功能,可降低数据的冗余。

(3)可以满足应用的共享和安全方面的要求。各个不同的用户甚至可以使用不同的编程语言、不同的访问方式同时访问同一个数据库。当然数据库会提供安全访问机制保证各用户均能正确地访问到数据。

(4)数据库中的数据能够持久性存在。数据库作为信息的存储工具,里面的数据需要在一定时间内保持有效性。例如交易行的业务数据、公司企业的商业数据等,这些资料往往需要保存几年、几十年甚至更长。这时候人们甚至会使用光盘等可靠性比一般磁盘更高的存储介质进行数据库的数据备份。

1.1.3 数据库技术的发展史

1. 文件系统阶段

文件系统阶段是指计算机不仅用于科学计算,而且还大量用于管理数据的阶段(从 20 世纪 50 年代后期到 60 年代中期)。在硬件方面,外存储器有了磁盘、磁鼓等直接存取的存储设备。在软件方面,操作系统中已经有了专门用于管理数据的软件,称为文件系统。

基于文件系统的数据库系统虽然功能简单,但因为文件系统通常都能提供目录结构简单的文件组织形式,又往往直接作为操作系统的基本用户界面提供给客户使用,所以在管理较少、较简单的数据，或者仅仅只是用来备份存储，极少用来查询，或查询要求比较简单的情况下，能够满足一定的应用需求。由于已经有了直接存取的存储设备，文件也就不再局限于顺序文件，还有了索引文件、链表文件等，因而，对文件的访问可以是顺序访问，也可以是直接访问。

2. 初级阶段——第一代数据库

Data base 一词首先被美国系统发展公司在 20 世纪 60 年代为美国海军基地研制数据库时使用。1968 年，国际商用机器公司 IBM 在数据库管理系统方面取得了重大的突破，率先研制成功集成数据存储系统 IMS（Information Management Systems，信息管理系统），它可以运行多个程序共享同一个数据库，属于层次数据库模型系统。层次数据库的数据模型是有根的定向有序树，网状模型对应的是有向图。这两种数据库奠定了现代数据库发展的基础。这两种数据库具有如下共同点：支持三级模式（外模式、模式、内模式）；保证数据库系统具有数据与程序的物理独立性和一定的逻辑独立性；用存取路径来表示数据之间的联系；有独立的数据定义语言；有导航式的数据操纵语言。

3. 中级阶段——第二代数据库

在 20 世纪 70 年代，IBM 属下 San Jose 研究所提出了关系数据库模型的概念，开创了数据库的关系方法和关系规范化的理论。这个关系模型的提出是以关系的数学理论为基础，具有严谨的数学理论支持，也继承了数学理论的完美和结构上的简单等优点。这个关系数据库理论的提出者 E.F.Codd 因此获得了计算机科学的最高奖项——ACM 图灵奖。

关系数据库系统使用结构化查询语言（Structured Query Language, SQL）作为数据库定义语言（Database Definition Language，DDL）和数据库操作语言（Database Manipulation Language，DML），这种语言和普通的面向过程的语言（如 C 语言）以及面向对象的语言（如 C++）不同，它一诞生，就成为关系数据库的标准语言。SQL 语言使得关系数据库中的数据库表查询可以用简单的、声明性的方式进行，大大简化了程序员的工作。

4. 高级阶段——新一代数据库

20 世纪 80 年代，随着科学技术的不断进步，各个行业领域对数据库技术提出了更多的需求，关系型数据库已经不能完全满足需求，于是产生了第三代数据库。主要有以下特征：支持数据管理、对象管理和知识管理；保持和继承了第二代数据库系统的技术；对其他系统开放，支持数据库语言标准，支持标准网络协议，有良好的可移植性、可连接性、可扩展性和互操作性等。第三代数据库支持多种数据模型（如关系模型和面向对象的模型），并和诸多新技术（比如分布处理技术、并行计算技术、人工智能技术、多媒体技术、模糊技术等）相结合，广泛应用于多个领域（如商业管理、GIS、计划统计等），由此也衍生出多种新的数据库技术。

在现实环境中，考虑到商业应用的目标，数据库生产厂商各自为数据库加入了一些提高效率和提高可用性的功能，舍弃了一些不太现实的约束，不同的数据库厂商在不同基础上的选择，导致了关系数据库系统向不同方向的变迁。比如，在这个阶段中，Oracle 加入了"并行"的元素,并开始了向"关系 - 对象"型数据库的变迁,这样的变迁也慢慢形成了新一代的数据库系统,并且"关系 - 对象"型数据库正在持续发展。

1.1.4 数据库系统模型

数据库模型是数据库系统的一个关键概念,是描述记录内的数据项间的联系和记录之间的联系的数据结构形式。它应满足三方面要求:能较真实地模拟现实世界;能容易被人理解;便于在计算机上实现。

在数据库的发展史上,最常用的数据库模型有层次模型(Hierarchical Model)、网状模型(Network Model)和关系模型(Relational Model)。

1. 层次模型

层次模型是数据库系统中最早使用的一种模型,用树状结构来表示各类实体及实体间的联系。每个结点表示一个记录类型,记录之间的边线表示结点之间的联系。每个结点的上方的结点称为该结点的双亲结点,而其下方的结点称为该结点的子结点。没有子结点的结点称为叶结点。

层次数据库系统的典型代表是 IBM 公司的 IMS 数据库管理系统,这是 1968 年 IBM 公司推出的第一个大型的商用数据库管理系统,曾经得到广泛使用。目前,仍有某些特定用户在使用该系统。

层次模型的结构示意图如图 1-4 所示。

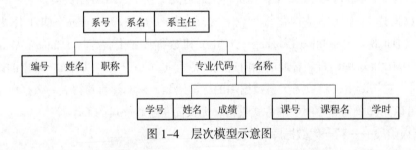

图 1-4　层次模型示意图

层次模型的优点:数据结构类似金字塔,不同层次之间的关联性直接而且简单;对于实体间联系是固定的,且预先定义好应用系统,性能较高;提供良好的完整性支持。

层次模型的缺点:由于数据纵向发展,横向关系难以建立,数据可能会重复出现;不适合表示非层次性的联系;对插入和删除操作的限制比较多;查询子节点必须通过双亲节点;由于结构严密,层次命令趋于程序化。

2. 网状模型

用网状结构表示实体类型及实体之间联系的数据库模型称为网状模型。在网状模型中,一个子节点可以有多个父节点,在两个节点之间可以有一种或多种联系。记录之间的联系是通过指针实现的。网状模型的数据结构比较复杂,虽然效率较高,但是编写应用程序难度较大,要求程序员必须熟悉数据库的逻辑结构。

网状模型的结构示意图如图 1-5 所示。

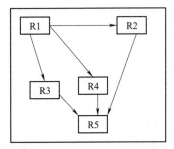

图1-5 网状模型示意图

网状模型的优点：能够更为直接地描述现实世界；具有良好的性能，存取效率较高。

网状模型的缺点：其DDL语言极其复杂；数据独立性较差。而且随着应用环境的扩大，数据库的结构变得越来越复杂，不利于用户使用。

3. 关系模型

关系模型是目前最常见的一种数据库模型。关系模型的数据结构比较简单，便于实现和组织。关系数据库系统采用关系模型作为数据的组织方式。在后面的项目中将详细介绍关系模型的相关内容。

关系模型的优点：关系模型是建立在严格的数学概念基础上的，具有较强的理论根据；可表示一对一的关系，也能表示一对多的关系，还能表示多对多的关系；无论实体还是实体之间都用关系来表示；概念简单，操作方便，数据独立性强。

关系模型的缺点：由于存取路径对用户透明，查询效率不如层次模型和网状模型。

1.1.5 常见数据库简介

1. MySQL

MySQL是一个中小型关系型数据库管理系统，开发者为瑞典MySQL AB公司，在2008年1月16号被Sun公司收购。MySQL是目前最为流行的开放源码的数据库，是完全网络化的跨平台的关系型数据库系统，由MySQL的初始开发人员David Axmark和Michael Monty Widenius于1995年建立。它的象征是一只名为Sakila的海豚，代表着MySQL数据库和团队的速度、能力、精确和优秀本质。

目前MySQL被广泛地应用在Internet上的中小型网站中。由于其体积小、速度快、总体拥有成本低，尤其是开放源码这一特点，许多中小型网站为了降低网站总体拥有成本而选择了MySQL作为网站数据库。在Internet上流行的网站构架方式是LAMP（Linux+Apache+MySQL+PHP），即使用Linux作为操作系统，Apache作为Web服务器，MySQL作为数据库，PHP作为服务器端脚本解释器。由于这四个软件都是免费或开放源码软件（FLOSS），因此使用这种方式不用花一分钱（除开人工成本）就可以建立起一个稳定的网站系统。

2. SQL Server

SQL Server是一个关系数据库管理系统。它最初是由Microsoft、Sybase和Ashton-Tate三家公司共同开发的，于1988年推出了第一个OS/2版本。在Windows NT推出后，Microsoft

与 Sybase 在 SQL Server 的开发上就分道扬镳了，Microsoft 将 SQL Server 移植到 Windows NT 系统上，专注于开发推广 SQL Server 的 Windows NT 版本。Sybase 则较专注于 SQL Server 在 UNIX 操作系统上的应用。

从 1992 年到 1999 年，Microsoft 公司陆续开发了基于 Windows NT 平台的 SQL Server 版本、基于 Windows NT 3.1 平台的 SQL Server 4.2 版本、SQL Server 6.0 版本、SQL Server 6.5 版本、SQL Server 7.0 版本、SQL Server 2000 等版本。

2019 年 Microsoft 发行了内置 Apache Spark 的 SQL Server 2019，跨关系、非关系、结构化和非结构化数据进行查询。在 SQL Server 中整合结构化数据和非结构化数据来构建共享数据湖，并使用 T-SQL 或 Spark 访问数据。该版本将 SQL Server 与 Windows 和 Linux 容器一起使用，并使用 Kubernetes 部署和管理部署。使用内置功能进行数据分类、数据保护以及监控和警报。SQL Server 2019 监控和识别可疑活动并提供警报，甚至可以识别和纠正安全漏洞及配置错误。

3. Oracle

Oracle 数据库管理系统是一个以关系型和面向对象为中心管理数据的数据库管理软件系统，其在管理信息系统、企业数据处理、因特网及电子商务等领域有着非常广泛的应用。因其在数据安全性与数据完整性控制方面的优越性能，以及跨操作系统、跨硬件平台的数据互操作能力，使得越来越多的用户将 Oracle 作为其应用数据的处理系统。Oracle 数据库是基于"客户机/服务器"（Client/Server,C/S）结构的。客户端应用程序执行与用户进行交互的活动。其接收用户信息，并向"服务器端"发送请求。服务器系统负责管理数据信息和各种操作数据的活动。

4. Sybase

1984 年，Mark B. Hiffman 和 Robert Epstern 创建了 Sybase 公司，并在 1987 年推出了 Sybase 数据库产品。Sybase 主要有三种版本：一是 UNIX 操作系统下运行的版本，二是 Novell Netware 环境下运行的版本，三是 Windows NT 环境下运行的版本。对于 UNIX 操作系统，目前广泛应用中的为 Sybase 10 及 Sybase 11 for SCO UNIX。由于采用了客户机/服务器结构，应用被分在了多台机器上运行。更进一步，运行在客户端的应用不必是 Sybase 公司的产品。对于一般的关系数据库，为了让其他语言编写的应用能够访问数据库，提供了预编译。Sybase 数据库不只是简单地提供了预编译，而且公开了应用程序接口 DB-LIB，鼓励第三方编写 DB-LIB 接口。由于开放的客户 DB-LIB 允许在不同的平台使用完全相同的调用，因而使得访问 DB-LIB 的应用程序很容易从一个平台向另一个平台移植。

5. DB2

DB2 是 IBM 公司研制的一种关系型数据库系统。DB2 主要应用于大型应用系统，具有较好的可伸缩性，可支持从大型机到单用户环境，应用于 OS/2、Windows 等平台下。DB2 提供了高层次的数据利用性、完整性、安全性、可恢复性，以及小规模到大规模应用程序的执行能力，具有与平台无关的基本功能和 SQL 命令。DB2 采用了数据分级技术，能够使大型机数据很方便地下载到 LAN 数据库服务器，使得客户机/服务器用户和基于 LAN 的应用程序可以访问大型机数据，并使数据库本地化及远程连接透明化。它以拥有一个非常完备的查询优化器而著称，其外部连接改善了查询性能，并支持多任务并行查询。DB2具有很好的网络支持能力，每个子系统可以连接十几万个分布式用户，可同时激活上千个活动线程，对大型分布式应用系统尤为适用。

6. Access

Access是微软公司推出的基于Windows的桌面关系数据库管理系统（Relational Database Management System，RDBMS），是Office系列应用软件之一。Access在很多地方得到广泛使用，例如小型企业、大公司的部门，喜爱编程的开发人员专门利用它来制作处理数据的桌面系统。它也常被用来开发简单的Web应用程序。Access是小型数据库，既然是小型的就有它的局限性，数据库过大，一般百兆字节（MB）以上时性能会变差。

任务 1.2 MySQL 的安装与配置

1.2.1 MySQL 简介

MySQL是基于客户机/服务器体系结构的关系型数据库管理系统，它具有体积小、易于安装、运行速度快、功能齐全、成本低以及开源等特点。MySQL的特性如下：

（1）MySQL是一个快速、多线程、多用户的SQL数据库服务器。它几乎是免费的，支持正规的SQL查询语言和采用多种数据类型，能对数据进行各种详细的查询等。

（2）MySQL的核心程序采用完全的多线程编程。线程是轻量级的进程，它可以灵活地为用户提供服务，而不过多地占用系统资源。用多线程和C语言实现的MySQL能充分利用CPU。

（3）MySQL可运行在不同的操作系统下。简单地说，MySQL可以支持Windows以及UNIX、Linux和Mac OS等多种操作系统平台。这意味着在一个操作系统中实现的应用可以很方便地移植到其他操作系统中。

（4）MySQL有一个非常灵活而且安全的权限和口令系统。当客户与MySQL服务器连接时，它们之间所有的口令传送被加密，而且MySQL支持主机认证。

（5）MySQL支持ODBC for Windows。MySQL支持所有的ODBC 2.5函数和其他许多函数，这样就可以用Access连接MySQL服务器，从而使得MySQL的应用被大大扩展。

（6）MySQL支持大型的数据库。虽然对于用PHP编写的网页来说只要能够存放上百条以上的记录数据就足够了，但MySQL可以方便地支持上千万条记录的数据库。作为一个开放源代码的数据库，MySQL可以针对不同的应用进行相应修改。

（7）MySQL拥有一个非常快速而且稳定的基于线程的内存分配系统，可以持续使用而不必担心其稳定性。事实上，MySQL的稳定性足以应付一个超大规模的数据库。

（8）强大的查询功能。MySQL支持查询的SELECT和WHERE语句的全部运算符和函数，并且可以在同一查询中混用来自不同数据库的表，从而使查询变得快捷和方便。

（9）PHP 为 MySQL 提供了强力支持，PHP 中提供了一整套的 MySQL 函数，对 MySQL 进行了全方位的支持。

1.2.2 MySQL 服务器的安装

由于 Windows 操作系统更易使用，因此，本节以 Windows 操作系统为例，说明 MySQL 的安装过程。

（1）在安装之前，需要到 MySQL 数据库的官方网站（https://dev.mysql.com/downloads/）上找到要安装的数据库版本并进行下载，如图 1-6 所示。

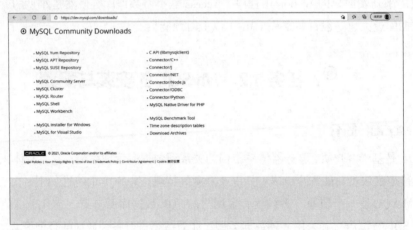

图 1-6 下载界面

（2）双击 MySQL Installer for Windows，进入图 1-7 所示的用户许可协议界面。选择 I accept the license terms 复选框，表示接受用户安装时的许可协议，单击 Next 按钮。

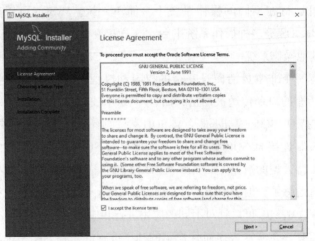

图 1-7 用户许可协议界面

（3）进入安装类型设置界面，图 1-8 中提供了 5 种安装类型，默认选中 Developer Default 选项。另外 4 项：Server only 表示仅作为服务器，Client only 表示仅作为客户端，Full

表示完全安装类型，Custom 表示自定义安装类型。

图 1-8　安装类型设置界面

（4）选择安装类型（这里保持默认选择）后，单击图 1-9 中的 Next 按钮弹出检测依赖关系界面。默认情况下并不安装与 C++ 有关的内容，单击 Execute 按钮进行下一步操作，弹出与 C++ 安装程序有关的窗口，安装完成后单击 Next 按钮。

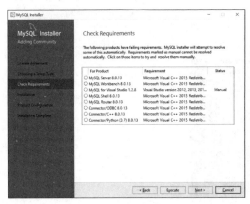

图 1-9　检测依赖关系

（5）进入将要安装或更新的应用程序界面，如图 1-10 所示。应用程序全部安装完成后返回图 1-9 中，单击图 1-9 中的 Next 按钮。

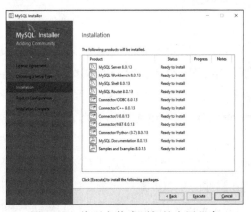

图 1-10　将要安装或更新的应用程序

（6）进入产品配置界面，如图 1-11 所示。单击 Next 按钮，进入服务器配置界面，如图 1-12 所示，在 Server Configuration Type 下拉列表框配置当前服务器类型，选择哪种服务器将影响到内存、硬盘和过程或使用决策，可以选择以下 3 种服务器类型。

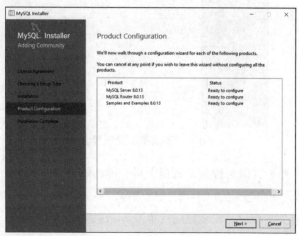

图 1-11　产品配置界面

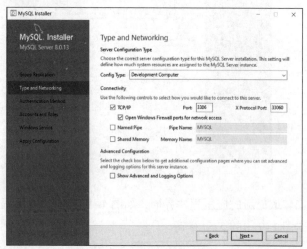

图 1-12　服务器配置界面

- Development Computer(开发机器)：该选项代表典型个人桌面工作站。假定机器上运行着多个桌面应用程序，将 MySQL 服务器配置成使用最少的系统资源。
- Server Machine（服务器）：该选项代表服务器，MySQL 服务器可以同其他应用程序一起运行，例如 FTP、E-mail 和 Web 服务器。MySQL 服务器配置成使用适当比例的系统资源。
- Dedicated Machine（专用服务器）：该选项代表只运行 MySQL 服务的服务器。假定没有运行其他应用程序。MySQL 服务器配置成使用所有可用系统资源。

作为初学者，选择"Development Computer"（开发机器）已经足够了，这样占用系统的资源不会很多。通过是否选择复选框可以启用或禁用 TCP/IP 网络，并配置用来连接 MySQL 服务器的端口号，默认情况启用 TCP/IP 网络，默认端口为 3306。要想更改访问 MySQL 使用的端口，直接在文本框中输入新的端口号即可，但要保证新的端口号没有被占用，然后单击 Next 按钮。

（7）弹出账户设置界面，如图 1-13 所示。在该界面中读者需要设置 root 用户的密码。在 MySQL Root Password 和 Repeat Password 两个文本框中输入期望的密码。一般情况下，将 root 用户的密码设置为 root，单击 Next 按钮。

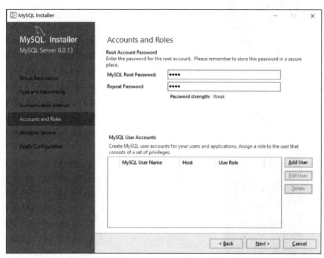

图 1-13　账户设置界面

（8）打开配置信息显示界面，如图 1-14 所示，单击 Next 按钮即可将 MySQL 数据库作为 Windows 的一项服务。

图 1-14　配置信息显示界面

（9）打开应用配置（Apply Configuration）界面，如图 1-15 所示，单击 Execute 按钮，进入图 1-16 所示界面，当所有的配置执行完毕后，单击 Finish 按钮。

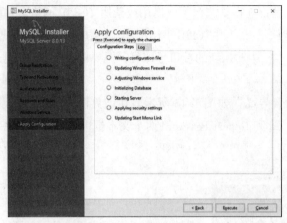

图 1-15　应用配置界面 1

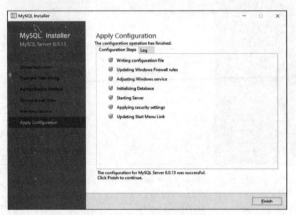

图 1-16　应用配置界面 2

（10）打开产品配置（Product Configuration）界面，如图 1-17 所示，单击 Next 按钮。打开连接到服务器（MySQL Router Configuration）界面，如图 1-18 所示，单击 Test Connection 按钮，测试服务器是否连接成功，连接成功后，单击 Finish 按钮。

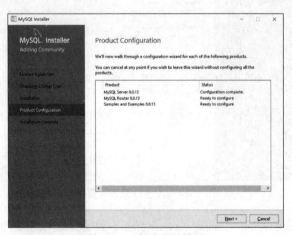

图 1-17　产品配置界面

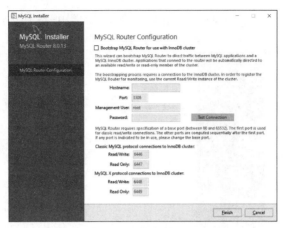

图 1-18 服务器界面

（11）回到应用配置（Apply Configuration）界面，单击 Execute 按钮，配置成功后，如图 1-19 所示，单击 Finish 按钮。回到产品配置（Product Configuration）界面，如图 1-20 所示，单击 Next 按钮。

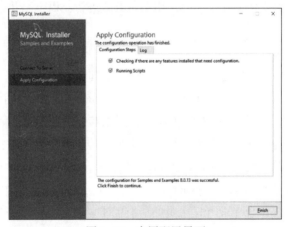

图 1-19 应用配置界面

图 1-20 产品配置界面

（12）打开安装完成（Installation Complete）界面，如图 1-21 所示，单击 Finish 按钮。

图 1-21　完成界面

1.2.3　MySQL 图形化管理工具

MySQL 图形化管理工具可以在图形界面上操作 MySQL 数据库。图形化管理工具通过软件对数据库的数据进行操作，在操作时采用菜单方式进行。以下是几种常用的 MySQL 图形化管理工具。

1. Navicat Premium

Navicat Premium 是一套数据库管理工具，结合了其他 Navicat 成员的功能，支持单一程序同时连接到 MySQL、MariaDB、SQL Server、SQLite、Oracle 和 PostgreSQL 数据库。Navicat Premium 可满足现今数据库管理系统的使用功能，包括存储过程、事件、触发器、函数、视图等。

Navicat Premium 支持快速地在各种数据库系统间传输数据，传输指定 SQL 格式以及编码的纯文本文件，执行不同数据库的批处理作业并在指定的时间运行。其他功能包括导入向导、导出向导、查询创建工具、报表创建工具、数据同步、备份、工作计划及更多。

Navicat 的功能不仅符合专业开发人员的所有需求，对数据库服务器的新手来说学习起来也相当容易。Navicat Premium 界面如图 1-22 所示。

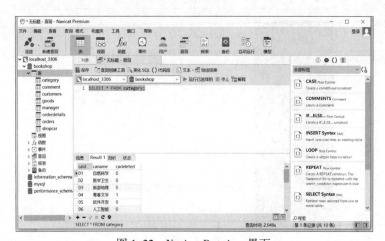

图 1-22　Navicat Premium 界面

2. MySQL Workbench

MySQL Workbench 是专为数据库架构师、开发人员和 DBA 打造的一个统一的可视化工具。它是著名的数据库设计工具 DBDesigner4 的继任者。可以使用 MySQL Workbench 设计和创建数据库图示，建立数据库文档，以及进行复杂的 MySQL 迁移。MySQL Workbench 是可视化数据库设计、管理工具，它同时有开源和商业化的两个版本。该软件支持 Windows 和 Linux 系统。

MySQL Workbench 为数据库管理员、程序开发者和系统规划师提供可视化设计、模型建立以及数据库管理功能。它可用于创建复杂的数据建模 E-R 模型，正向和逆向数据库工程，也可用于执行通常需要花费大量时间及难以变更和管理的文档任务。MySQL Workbench 界面如图 1-23 所示。

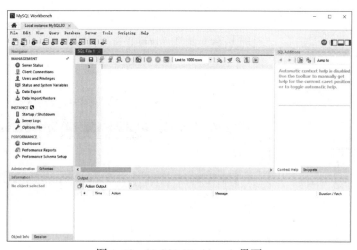

图 1-23　MySQL Workbench 界面

3. phpMyAdmin

phpMyAdmin 是众多 MySQL 图形化管理工具中应用最广泛的一种，是一款以 PHP 为基础、以 Web-Base 方式架构在网站主机上的 MySQL 的数据库管理工具，让管理者可用 Web 接口管理 MySQL 数据库。因此 Web 接口可以成为一个简易方式输入繁杂 SQL 语法的较佳途径，尤其要处理大量数据的导入及导出更为方便。其中一个更大的优势在于由于 phpMyAdmin 与其他 PHP 程序一样在网页服务器上执行，因此可以在任何地方使用这些程序产生的 HTML 页面，也就是可以远端管理 MySQL 数据库，方便地建立、修改、删除数据库及数据表。phpMyAdmin 界面如图 1-24 所示。

4. SQLyog

SQLyog 是业界著名的 Webyog 公司出品的一款简洁高效、功能强大的图形化 MySQL 数据库管理工具。这款工具是使用 C++ 语言开发的。用户可以使用这款软件来有效地管理 MySQL 数据库。该工具包含查询结果集合、查询分析器、服务器消息、表格数据、表格信息以及查询历史，它们都以标签的形式显示在界面上，开发人员只要单击鼠标即可。此外，该工具不仅可以通过 SQL 文件进行大量文件的导入与导出，而且还可以导入与导出 XML、HTML 和 CSV 等多种格式的数据。SQLyog 界面如图 1-25 所示。

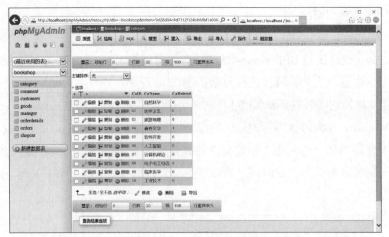

图 1-24　phpMyAdmin 界面

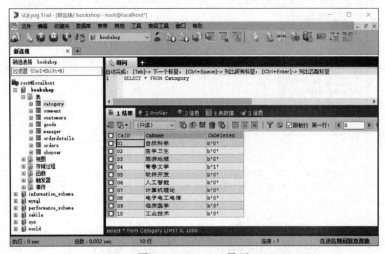

图 1-25　SQLyog 界面

任务 1.3　了解网上书城数据库

1.3.1　网上书城数据库的来源

　　随着 Internet 的迅速发展，网络购物变得越来越流行。网上书城作为网上交易的主要平台，推动了电子商务的发展。本书通过一个具体的案例，介绍网上书城数据库的设计与开发过程。

　　通过对生活中书店的考察和了解，发现书籍展示、书籍浏览、书籍查询、购物车和下订单等现实生活中的购物流程都可以在网络中实现，并且可以为用户提供一个良好的交流平台，用户可以对书发表评价、登记需求信息和意见反馈等，实现人性化和个性化的服务。而在后台方面，管理只要单击鼠标就可以轻松地掌握整个书店的运行情况和用户基本需求信息，整个过程方便而快捷。

因此，本书选取"网上书城"（bookshop）作为案例来源，该电子商务系统要求能够实现前台用户购物和后台管理两部分功能。前台购物系统包括会员注册、会员登录、商品展示、商品查询、购物车、会员订单和会员资料修改等功能；后台管理系统包括管理用户、维护商品库、处理订单、维护会员信息和其他管理功能。

1.3.2 网上书城功能描述

该网上书城系统分为顾客、商品和管理员三大模块。顾客可以访问注册维护个人资料页面、商品展开页面、商品详细信息页面、购物车页面、使用帮助和注销等；管理员使用的页面包括商品类型维护、商品维护、顾客信息维护、订单处理等。系统功能页面结构如图1-26所示。

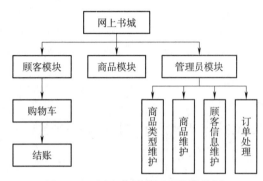

图 1-26 网上书城主要功能结构图

1.3.3 网上书城数据表介绍

根据系统功能描述和实际业务分析，设计bookshop电子书城的数据库，主要数据表及其内容如下所示。

1. customers（顾客信息表）

创建登录到书城购物后，系统需要知道所登录顾客的信息，因此需要一个记录顾客信息的顾客表（customers）。customers表结构如表1-2所示。

表 1-2 customers 表结构

序号	属性名称	含义	数据类型	为空性	备注
1	cid	客户编号	char(6)	not null	主键约束
2	ctruename	真实姓名	varchar(50)	not null	
3	cpassword	客户密码	varchar(50)	not null	
4	csex	性别	char(2)	not null	
5	caddress	客户地址	varchar(50)	null	
6	cmobile	手机号码	varchar(11)	not null	
7	cemail	电子邮箱	varchar(50)	null	
8	cregisterdate	用户注册日期	datetime	not null	默认当前日期

customers 表的数据如表 1-3 所示。

表 1-3 customers 表数据

cid	ctruename	cpassword	csex	caddress	cmobile	cemail	cregisterdate
c0001	刘小和	123456	男	广东广州市	135××××2846	liuxh@163.com	2009-8-6
c0002	张嘉靖	123456	男	广东广州市	135××××5647	zhangjj002@163.com	2010-9-4
c0003	罗红红	123456	女	广东珠海市	135××××6472		2008-11-24
c0004	李浩华	123456	女	广东珠海市	136××××5643	lihaohua@163.com	2008-11-24
c0005	吴美霞	123456	女	湖南长沙市	136××××6756	wumeixia@163.com'	2010-10-22
c0006	陈毅名	123456	男	江西南昌市	139××××7860	chenym@163.com	2010-12-21
c0007	黄小波	123456	男	湖北武汉市	138××××7569	huangxb@163.com	2011-1-22
c0008	张丰盛	123456	男	广西桂林市	136××××6789	hangfs@163.com	2009-7-25
c0009	许志敏	123456	女	广东珠海市	139××××5897	xzhiming@163.com	2011-1-6
c0010	王天成	123456	男	广东佛山市	136××××6789	wangtc@163.com	2007-7-24

2. category（商品类别表）

商品过多的时候不便于选择和查询，为了对商品进行分类管理，需要一个商品类别表 category。其结构如表 1-4 所示。

表 1-4 category 表结构

序号	属性名称	含义	数据类型	为空性	备注
1	caid	类别 id	char(2)	not null	主键约束
2	caname	类别名称	varchar(20)	null	
3	cadeleted	删除标记项	tinyint	null	用 1 和 0 表示是否被删除

category 表的数据如表 1-5 所示。

表 1-5 category 表数据

caid	caname	cadeleted
01	自然科学	0
02	医学卫生	0
03	旅游地理	0
04	青春文学	1
05	软件开发	0
06	人工智能	0
07	计算机理论	0
08	电子电工电信	0
09	临床医学	0
10	工业技术	0

3. goods（商品表）

网上书城的主要功能就是让顾客在网上买到所需要的商品。系统数据库应该有商品表 goods。其表结构如表 1-6 所示。

表 1-6 goods 表结构

序号	属性名称	含义	数据类型	为空性	备注
1	gid	商品 id	char(6)	not null	主键约束
2	gname	书名	varchar(50)	null	
3	gtypeid	书本类型 id	char(2)	not null	外键约束
4	gwiter	作者名	varchar(50)	null	
5	gpublisher	出版商	varchar(50)	null	
6	gISBN	ISBN	varchar(50)	null	
7	gprice	书本价格	double	null	
8	gnumber	书本存量	int	null	

goods 表的数据如表 1-7 所示。

表 1-7 goods 表数据

gid	gname	gtypeid	gwiter	gpublisher	gISBN	gprice	gnumber
010001	高分子物理	01	何曼君	复旦大学出版社	9787309054145	35	200
020001	现代遗传学	02	赵寿元	高等教育出版社	9787040239737	36	100
030001	野外求生宝典	03	梶原玲	南海出版社	9787544240345	28	150
030002	欧洲日记	03	张明	湖南教育出版社	9787224240341	60	200
030003	西藏行	03	毛毛	湖南教育出版社	9787224240342	50	100
040001	游园惊梦	04	夏达明	湖南少儿出版社	9787535838823	24	250
050001	软件工程	05	张海藩	清华大学出版社	9787302164745	35	300
050002	软件架构设计	05	张海藩	清华大学出版社	9787302164748	40	200
050003	走进软件世界	05	刘一明	科学出版社	9787030189609	30	100
060001	自动控制原理	06	胡寿松	科学出版社	9787030189654	52	150
070001	算法导论	07	科曼	机械工业出版社	9787111187712	85	250

4. comment（评论表）

顾客在购买到商品后，可以对该商品进行评论，应该有一张评论表 comment 存储商品的评论信息。comment 表的结构如表 1-8 所示。

表 1-8　comment 表结构

序号	属性名称	含义	数据类型	为空性	备注
1	cmid	评论 id	char(6)	not null	主键约束
2	cmcommenderid	评论者 id	char(6)	not null	外键约束
3	cmbookid	评论书籍的 id	char(6)	not null	外键约束
4	cmtitle	评论主题	varchar(200)	not null	
5	cmcontent	评论内容	text	null	
6	cmdate	评论日期	datetime	null	当前日期

comment 表的数据如表 1-9 所示。

表 1-9　comment 表数据

cmid	cmcommenderid	cmbookid	cmtitle	cmcontent	cmdate
0001	c0001	010001	书很不错	我很喜欢这本书	2011-6-10
0002	c0002	010001	正版书	书写得不错	2011-6-10
0003	c0003	030001	强烈推荐	强烈推荐	2011-6-15
0004	c0007	040001	内容很详细	适合初学者	2011-8-29
0005	c0004	060001	书写得一般	里面内容写得一般	2011-8-28

5. manager（管理员表）

从系统维护和安全性的角度看，只有具有管理权限的用户才能对系统进行维护和管理，因此需要有一个管理员表 manager，其结构如表 1-10 所示。

表 1-10　manager 表结构

序号	属性名称	含义	数据类型	为空性	备注
1	maid	编号	char(10)	not null	主键约束
2	maname	姓名	varchar(30)	not null	
3	masex	性别	char(2)	null	
4	mamobile	手机号码	varchar(11)	null	
5	maemail	邮箱	varchar(50)	null	

manager 表的数据如表 1-11 所示。

表 1-11　manager 表数据

maid	maname	masex	mamobile	maemail
m0001	李璐	女	133××××9807	lilu@163.com
m0002	张小杰	男	133××××9293	zhangxj@163.com
m0003	王子民	男	133××××9282	wangzm@163.com
m0004	刘蕾	女	133××××9267	liulei@163.com
m0005	文知东	男	133××××9457	wenzhidong@163.com

6. shopcar（购物车表）

购物车可以提供给顾客将指定货物添加到购物车内，也可以根据顾客编号从数据库中获取上次存储的购物车信息。购物车表 shopcar 的结构如表 1-12 所示。

表 1-12　shopcar 表结构

序　号	属性名称	含　　义	数据类型	为　空　性	备　注
1	scid	购物车编号	char(6)	not null	主键约束
2	cid	顾客编号	char(6)	not null	外键约束
3	gid	商品编号	char(6)	not null	外键约束
4	gname	商品名称	varchar(50)	null	
5	gpirce	商品价格	double	null	
6	gnumber	购买数量	int	null	

shopcar 表的数据如表 1-13 所示。

表 1-13　shopcar 表数据

scid	cid	gid	gname	gpirce	gnumber
s10604	c0001	010001	高分子物理	35	2
s10608	c0002	010001	高分子物理	35	3
s10609	c0003	030001	野外求生宝典	28	1
s10615	c0007	040001	游园惊梦	24	8
s10826	c0004	060001	自动控制原理	52	2

7. orders（订单表）

顾客如果选择了某商品，确认购买时，就要下订单，因此用订单表 orders 来记录顾客所确认的订单。其结构如表 1-14 所示。

表 1-14　orders 表结构

序　号	属性名称	含　　义	数据类型	为　空　性	备　注
1	oid	订单编号	char(14)	not null	主键约束
2	cid	客户编号	char(6)	not null	外键约束
3	odate	订单日期	datetime	not null	当前日期
4	osum	订单金额	double	null	
5	ostatus	订单状态	char(1)	not null	是否处理

orders 表的数据如表 1-15 所示。

表 1-15　orders 表数据

oid	cid	odate	osum	ostatus
201106051011	c0001	2011-6-5	106	0
201106051022	c0002	2011-6-5	35	0
201106051023	c0003	2011-6-5	200	1
201108231012	c0004	2011-8-23	240	1
201108231210	c0005	2011-8-23	480	0
201108231342	c0006	2011-8-23	293	0
201109201130	c0006	2011/9/20	170	0

8. orderdetails（订单明细表）

订单的详细信息即顾客具体购买了几种商品，以及每种商品的数量等，需要一个订单明细表 orderdetails。其结构如表 1-16 所示。

表 1-16　orderdetails 表结构

序号	属性名称	含义	数据类型	为空性	备注
1	odid	编号	char(6)	not null	主键约束
2	oid	订单编号	char(14)	not null	外键约束
3	gid	商品编号	char(6)	not null	外键约束
4	odprice	购买价格	double	not null	
5	odnumber	购买数量	int	not null	

orderdetails 表的数据如表 1-17 所示。

表 1-17　orderdetails 表数据

odid	oid	gid	odprice	odnumber
1	201106051011	010001	70	2
2	201106051011	020001	36	1
3	201106051022	010001	35	1
4	201106051023	030001	140	5
5	201106051023	030002	60	1
6	201108231012	040001	240	10
7	201108231210	040001	480	20
8	201108231342	060001	208	4
9	201108231342	070001	85	1
10	201109201130	070001	170	2

项目实训 1　安装配置 MySQL

一、实训目的

1. 掌握在 Windows 环境下安装 MySQL 的方法。
2. 掌握 MySQL 图形化管理工具的安装。
3. 学会使用命令方式和图形化管理工具来连接和断开服务器的操作方法。

二、实训内容

1. 登录官方网站下载合适的版本，安装 MySQL 服务器。官方网站提供了图形化界面安装（任务 1.2 已介绍）和免安装两种安装包。这两种安装版的安装方式和配置方式有所不同，图形化界面安装包有完整的安装向导。
2. 配置并测试所安装的 MySQL 服务器。
3. 登录官方网站下载 Navicat for MySQL 软件。
4. 安装 SQLyog 软件。
5. 安装 AppServ 软件包，了解 AppServ 软件的目录结构，分别测试 Apache 服务器、MySQL 数据库、phpMyAdmin 数据库管理工具安装是否正确。

三、实训小结

通过实训了解了在 Windows 操作系统上安装和配置 MySQL 数据库的方法，掌握了 MySQL 数据库、使用图形化方式安装 MySQL 数据库、配置 MySQL 数据库、启动 MySQL 服务和登录 MySQL 数据库等内容。

课后习题

一、选择题

1. 采用二维表格结构表达实体类型及实体间联系的数据模型是（　　）。
   A. 网状模型　　　　　　　　　　B. 层次模型
   C. 关系模型　　　　　　　　　　D. 实体 - 联系模型
2. （　　）是长期存储在计算机内有结构的大量的共享数据集合。
   A. 数据库　　　　　　　　　　　B. 数据
   C. 数据库系统　　　　　　　　　D. 数据库管理系统
3. 下列说法中不正确的是（　　）。
   A. 数据库减少了数据冗余
   B. 数据库中的数据可以共享
   C. 数据库避免了一切数据的重复
   D. 数据库具有较高的数据独立性

4. 数据库（DB）、数据库管理系统（DBMS）、数据库系统（DBS）三者之间的关系是（　　）。
   A. DB 包括 DBMS 和 DBS　　　　　　B. DBMS 包括 DB 和 DBS
   C. DBS 包括 DB 和 DBMS　　　　　　D. DBS 与 DB 和 DBMS 无关
5. 下列不属于关系数据库特点的是（　　）。
   A. 数据冗余小　　　　　　　　　　　B. 数据独立性高
   C. 数据共享性好　　　　　　　　　　D. 多用户访问

二、填空题

1. MySQL 数据库的超级管理员名称是 _____。
2. 用树状结构表示实体类型及实体间联系的数据模型称为 _____。
3. 数据库系统中常用的三种数据模型有层次模型、_____ 和 _____。

项目 2

数据模型的规划与设计

📖 学习目标

● **知识目标**

1. 理解数据库的设计的概念。
2. 了解设计关系型数据库的步骤。
3. 掌握三大范式的概念以及要求。
4. 掌握函数依赖的概念。
5. 掌握数据库规范化设计。

● **能力目标**

1. 能够实现绘制数据库的 E-R 图的步骤。
2. 具备将 E-R 图转换为关系模型的能力。
3. 具备用 Visio 软件绘制 E-R 图的能力。
4. 具备在 Rational Rose 中绘制用例图。
5. 具备用 Powerdesigner 绘制关系模型图的能力。

● **素质目标**

1. 组织学生课前主题辩论"我是如何学习的",培养学生自我学习的习惯、爱好和能力。
2. 使用 Mindmanager 软件,引导学生对网上书城项目包括功能设计、实体、属性分析等进行头脑风暴,培养学生具备团队协助、团队互助等意识。

● **素质园地**

1. 通过组织学生观看软件开发工程师的良好习惯,用榜样的力量教育学生勤学知识、苦练技能,树立爱岗敬业的职业精神。
2. 本项目的素质目标是通过对学生开展职业道德和科学精神的培养,在提高学生认知和技能水平的同时,培育学生"团结拼搏、友爱协作、实事求是、尊重他人"的优良品德。

项目简介

数据库开发人员总是希望自己设计出的数据库简单易用，安全可靠，容易维护和扩展，冗余最小，并希望用户存取数据时有较高的响应速度。网上书城的功能是否能满足用户的需求，很大程度上依赖于网上书城数据库的设计是否能够满足用户的应用需求。为了设计出满足用户需求的数据库，应当遵循严格的数据库设计方法和准则，对数据库设计过程的每一个细节都了解得比较清楚，这样不仅能提高设计效率，还有助于数据库用户、数据库管理员和应用程序开发人员对数据库的使用、管理和扩充。项目 2 知识要点如图 2-1 所示。

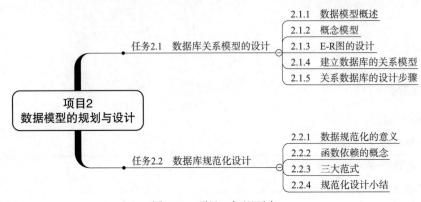

图 2-1　项目 2 知识要点

单词学习

1. Entity 实体
2. Characteristic 特征
3. Attribute 属性
4. Relationship 联系
5. Primary Key 主键
6. Candidate Key 候选键
7. Domain 域
8. Tuple 元组
9. Relation 关系
10. Normal Form 范式

任务 2.1　数据库关系模型的设计

2.1.1　数据模型概述

数据模型是通过某种计算机能够理解的方式来反映现实世界。任何一个数据库系统都有它自身支持的数据结构模型，并且这种数据结构模型通常是需要严格形式定义的。最早的数据模型是层次数据模型，是用树形结构来表示实体型以及实体型之间的关系，20 世纪 70 年代至 80 年代初非常流行。后来在层次模型的基础上发展起来网状数据模型，它采用网状模型作为数据组织方式。20 世纪 80 年代以来关系模型逐步取代了非关系模型数据库系统的统治地位，目前，关系型数据库就是支持这种数据模型的数据库系统，典型产品有 Oracle、

MySQL、Sybase、SQL Server。本书所讨论的 MySQL 数据库的数据结构模型就是关系数据模型。

2.1.2 概念模型

1. 概念模型概述

现实世界是客观存在的各种事物、事物之间的相互联系及事物的发生、变化过程，要通过实体、特征、实体集及其联系进行划分和认识。现实世界直接数据化是不可行的，每个事物的无穷特性如何数据化？事物之间的错综复杂的联系怎么数据化？人们必须首先调查、研究现实世界，归纳提炼出一个在研究范围内能反映现实世界的模拟世界——信息世界，然后，才能对所得到的信息世界进行数据化。

当事物用信息来描述时进入了信息世界，这时候，就可以通过概念模型来反映现实世界。概念模型是客观世界到概念(信息)世界的认识和抽象，是用户与数据库设计人员之间进行交流的语言，常用表示方法是 E-R 图。概念模型通过 E-R 图中的对象、属性和联系对现实世界给出静态描述。

2. 概念模型的基本元素

（1）实体（Entity）：现实世界中客观存在并且可以相互区别的事物和活动的抽象。比如一个学生、一辆汽车、一次门诊、一次篮球比赛等。

（2）实体的特征（Entity Characteristic）：对同类实体的共有特征的抽象定义，比如，一个学生的特征有学号、姓名、性别、系部……一次门诊的特征有医生姓名、病人姓名、诊断时间、病情、结论……

（3）实体集（Entity Set）：具有相同特征的同一类实体的集合。比如，一个班级的学生、公司的所有汽车都是实体集。

（4）联系（Relationship）：实体集之间的相互关系。例如，学生和课程之间有"选课"联系，顾客和图书之间有"订单"联系。

（5）属性（Attribute）：实体的某一个方面的特征的抽象表示。比如，可以使用"图书编号""图书名""价格"来具体描述一本图书，此时"图书编号""图书名""价格"等就是图书的属性。

（6）主键（Primary Key）和候选键（Candidate Key）：能够标识一个实体的属性或者属性组。如果是属性组，则不能包含非键的属性。例如，一本图书的编号如果确定了，那么就能根据属性"图书编号"找到这一本图书。由于图书编号可以唯一确定一本图书，所以把"图书编号"称为主键。当一个实体集中包含有多个键时，通常选定其中一个码作为主键，其他键作为候选键。如果假设图书没有重名的情况，那么"图书名"也可以确定唯一的一本图书，如果已经选择属性"图书编号"作为主键，此时"图书名"就是候选键。

（7）域（Domain）：属性的取值范围称为属性的域。例如，图书的库存量，要求为正整数，大于等于 0；顾客的性别的取值范围是 { 男，女 }。

3. E-R 图的表示方法

实体：用矩形表示，在矩形中写上实体的名字。

属性：用椭圆形表示，在椭圆形中写上属性的名字，将属性用线段连接到实体集上。

【示例2.1】 在网上书城中，图书具有如下属性：图书ID、图书名、价格、库存量，用E-R图表示该图书实体。

绘制的 E-R 图如图 2-2 所示。

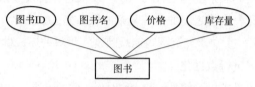

图 2-2　图书及其属性的 E-R 图

联系：用菱形表示，在菱形中写上联系的名字，将实体集连接到联系上，如果联系具有属性，则将属性用线段连接到联系上。

【示例2.2】 在网上书城中，具有图书和订单两个实体，它们之间存在明显联系，该联系具有价格和数量两个属性，用 E-R 图表示该实体和联系。

绘制的 E-R 图如图 2-3 所示。

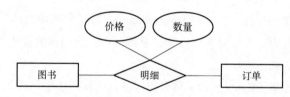

图 2-3　图书和订单及其联系的 E-R 图

提示：

① 由于实体的属性可能很多，所以在 E-R 图中也可以不直接画出来，而用数据字典的方式表示。

② 联系的属性必须在 E-R 图上表示出来，不能通过数据字典表示。

4. 联系分类

假设有两个实体集 X 和 Y，那么实体集 X 和 Y 之间具有如下三种联系：

（1）一对一联系（1∶1）：对于实体集 X 中每个实体在实体集 Y 中至多有一个（或者没有）实体与之存在联系，反之，对于实体集 Y 中每个实体在实体集 X 中至多有一个实体与之存在联系，两实体集间就是一对一联系，记作 1∶1，如图 2-4（a）所示。例如，班级和班主任，用 E-R 图表示如图 2-4（b）所示；品牌和商标图案也是一对一联系。

（2）一对多联系（1∶n）：对于实体集 X 中每个实体在实体集 Y 中有一个或多个实体与之存在联系，反之，对于实体集 Y 中每个实体在实体集 X 中至多有一个实体与之存在联系，两实体集间就是一对多联系，记作 1∶n，如图 2-5（a）所示。例如，图书和图书分类，用 E-R 图表示如图 2-5（b）所示；学校和学生也是一对多联系。

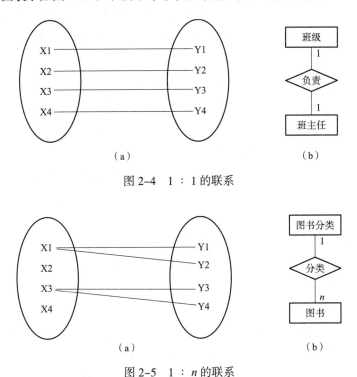

图 2-4 1∶1 的联系

图 2-5 1∶n 的联系

（3）多对多联系（$m∶n$）：对于实体集 X 中每个实体在实体集 Y 中有一个或多个实体与之存在联系，反之，对于实体集 Y 中每个实体在实体集 X 中也有一个或多个实体与之存在联系，两实体间就是多对多联系，记作（$m∶n$），如图 2-6（a）所示。例如，读者和图书，用 E-R 图表示如图 2-6（b）所示；学生和课程、汽车和零件也是多对多联系。

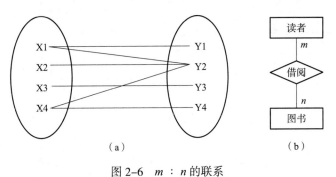

图 2-6 $m∶n$ 的联系

2.1.3 E-R 图的设计

1. 设计局部 E-R 图

首先要选择局部应用定义实体。从需求分析中找出具有共同特征的实体集，直接或间接标识出大部分实体。然后，根据实际的业务需求、规则和实际情况，并根据数据流图中对数据的处理，确定出实体之间的联系。再次，定义实体和联系的属性和键。从实体中总结说明性的名词开发出属性集，将一个实体的一个属性不能是空值的属性定义为主键，例如，实体中可以唯一标识一个实体的属性定义为实体的主键，如顾客编码、图书编码、订单编号等。

在设计局部 E-R 图的过程中要注意以下一些原则：

（1）现实世界中能作为属性看待的事物尽量作为属性看待。

（2）属性不能再分。

（3）一个实体的属性不能与其他实体发生联系。

【示例 2.3】 某田径运动会组委会需要一套运动会管理系统，现提出如下需求。

（1）运动队方面。

运动队：队编号、队名、教练姓名。

运动员：运动员编号、姓名、性别、项目。

其中，一个运动队有多个队员，一个队员仅属于一个运动队，一个队一般有一个教练，一个队员可参加多个项目。

（2）运动会方面。

运动队：队编号、队名、教练姓名。

项目：项目编号、项目名、参加运动队编号、场地。

其中，一个项目可由多个队参加，一个运动队可参加多个项目，一个项目一个比赛场地。

现要求分别设计运动队方面和运动会方面的两个局部 E-R 图。

设计的运动队方面的局部 E-R 图如图 2-7 所示。

在 E-R 图和关系模式中标有下画线的属性表示该属性是主码。

图 2-7　运动队局部 E-R 图

设计的运动会方面的局部 E-R 图如图 2-8 所示。

图 2-8　运动会局部 E-R 图

2. 集成全局 E-R 图

局部 E-R 图设计完成之后，将局部 E-R 图合并生成初步 E-R 图。由于局部 E-R 图面向的是不同的问题，而且可能是不同的设计人员设计的，并不一定是最优的。要将这些 E-R 图集成起来合理地表示一个完善、一致的概念模型结构，需要经过仔细分析找出潜在的数据冗余，再根据应用需求确定是否消除冗余的属性或者冗余的联系，消除各个局部 E-R 图之间的冲突。一般合并 E-R 图时，使同一个实体只出现一次，进行两两合并。当然，还要消除合并带来的一些属性、命名和结构的冲突，便可产生集成后的全局 E-R 图。

合理地消除各个分 E-R 图的冲突是进行 E-R 图集成的关键。这里冲突主要有三种：属性冲突、命名冲突和结构冲突。

（1）属性冲突：

① 属性域冲突，即属性值的类型、取值范围或取值集合不同。例如，属性"图书编号"有的定义为字符型，有的为整型。

② 属性取值单位冲突。例如，属性"质量"有的以克为单位，有的以千克为单位。

（2）命名冲突：

① 同名异义。不同意义对象相同名称。

② 异名同义。同意义对象不相同名称。例如："项目"和"课题"。

（3）结构冲突：

① 同一对象在不同应用中具有不同的抽象。例如，"课程"在某一局部应用中被当作实体，而在另一局部应用中则被当作属性。

② 同一实体在不同局部视图中所包含的属性不完全相同，或者属性的排列次序不完全相同。

③ 实体之间的联系在不同局部视图中呈现不同的类型。例如，实体 E1 与 E2 在局部应用 A 中是多对多联系，而在局部应用 B 中是一对多联系；又如，在局部应用 X 中 E1 与 E2 发生联系，而在局部应用 Y 中 E1、E2、E3 三者之间有联系。解决方法是根据应用的语义对实体联系的类型进行综合或调整。

【示例 2.4】 将【示例 2.3】中的运动会管理系统中设计的运动队方面和运动会方面的局部 E-R 图进行集成。

（1）将两者合并为一个全局 E-R 图。

（2）如果在合并时存在什么冲突，应如何解决？

运动队方面和运动会方面的合并全局 E-R 图如图 2-9 所示。

合并后的全局 E-R 图存在如下冲突：

（1）命名冲突："项目""项目名"异名同义，统一命名为"项目名"；

（2）结构冲突："项目"在两个局部 E-R 图中，一个作属性，一个作实体，统一为实体；运动队在两个局部图里的属性结构不一致，需要进行统一。

按照以上冲突及解决方案进行合并后 E-R 图的修改。

以上运动会管理系统的概念设计只是一个比较简单的例子，目的是使读者对概念设计有一个初步的了解。实际上的概念设计是非常复杂的，只能在未来的项目实训中逐步学习，积累经验来解决可能会遇到的问题。

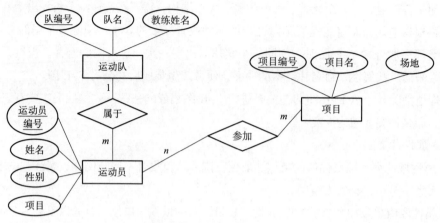

图 2-9　合并的全局 E-R 图

2.1.4　建立数据库的关系模型

关系数据库系统采用了关系模型作为数据库的组织方式，现在流行的数据库系统绝大部分都是采用关系模型的关系数据库系统。

1. 关系模型的基本术语

（1）关系（Relation）：关系是满足一定条件的二维表。例如，顾客表 customers 如图 2-10 所示。

cid	ctruename	cpassword	c...	caddress	cmobile	cemail	cregisterdate
c0009	许志敏	123456	女	广东珠海市	139XXXX5897	xzhiming@163.co	2011-01-06 00:00:00
c0010	王天成	123456	男	广东佛山市	136XXXX6789	wangtc@163.com	2007-07-24 00:00:00
c0008	张丰盛	123456	男	广西桂林市	136XXXX6789	zhangfs@163.cor	2009-07-25 00:00:00
c0006	陈毅名	123456	男	江西南昌市	139XXXX7860	chenym@163.cor	2010-12-21 00:00:00
c0007	黄小波	123456	男	湖北武汉市	138XXXX7569	huangxb@163.co	2011-01-22 00:00:00
c0005	吴美霞	123456	女	湖南长沙市	136XXXX6756	wumeixia@163.c	2010-10-22 00:00:00
c0004	李浩华	123456	女	广东珠海市	136XXXX5643	lihaohua@163.co	2008-11-24 00:00:00
c0003	罗红红	123456	女	广东珠海市	135XXXX6472	<NULL>	2008-11-24 00:00:00
c0002	张嘉靖	123456	男	广东广州市	135XXXX5647	zhangjj002@163.	2010-09-04 00:00:00
c0001	刘小和	123456	男	广东广州市	135XXXX2846	liuxh@163.com	2009-08-06 00:00:00

图 2-10　顾客表关系

（2）元组（Tuple）：关系表中的一行称为一个元组，元组可以用来描述数据库中的一个实体或实体之间的一个联系。一个关系表可以有多个元组。例如，顾客表 customers 中的一个元组如图 2-11 所示。

| c0001 | 刘小和 | 123456 | 男 | 广东广州市 | 135XXXX2846 | liuxh@163.com | 2009-08-06 00:00:00 |

图 2-11　顾客表的元组

（3）属性（Attribute）、主属性（Prime Attribute）和非主属性（Non-Key Attribute）：关系

表中的每一列称为一个属性。属性包括属性名和属性值,属性名是表的列标题,属性值是属性的具体取值。例如,顾客表 customers 中 cid 是属性名,c0001 是属性值。关系表中往往有多个属性,如 ctruename、cpassword、csex 等属性,都可以用于表示实体的特征。在这些属性中,候选键中的属性称为主属性,不包含在候选键中的属性称为非主属性。

(4)主键(Primary Key):若一个关系有多个候选键,选定一个作为关系的主键。如果关系中只有一个候选键,则这个唯一的候选键就是主键。主键能唯一确定一个元组,即确定一个实体。例如,表 customers 中,cid 可以被选为主键,能唯一确定一个顾客。

(5)外键(Foreign Key,FK):一个关系中的属性或属性组不是本关系的主键,而是另一关系的主键,则称该属性或属性组是该关系的外键,也称外关键字。例如,图书信息表 goods 中 gtypeid 就是外键,其取值是图书分类表 category 的主键取值。

(6)关系模式(Relation Mode):对关系的描述,表示为形如关系名(属性1,属性2,…,属性 n)。例如,图书分类表的关系模式形如图书分类表(分类 ID,分类名),图书信息表的关系模式形如 goods(gid, gname, gtypeid, gwiter, gpublisher, gISBN, gprice, gcount)。

2. E-R 图转换为关系模型

(1)实体转换为关系模式。一个实体转换为一个关系模式,实体的属性就是关系的属性,实体的键就是关系的键。

【示例 2.5】 将 E-R 图中的顾客实体,如图 2-12 所示,转换为顾客关系模式。

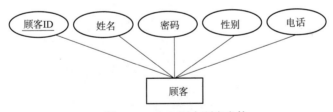

图 2-12　E-R 图中顾客实体

关系模式的转换结果如下:

顾客(顾客 ID,姓名,密码,性别,电话)

(2)联系转化为关系模式

① 1∶1 联系的转化。一个 1∶1 联系可以转换为一个独立的关系;或者将 1∶1 联系与任意端实体所对应的关系模式合并,加入另一端实体的键和联系的属性。

【示例 2.6】 在 E-R 图中的班级与班主任之间的任职联系是 1∶1 的联系,如图 2-13 所示,转换为关系模式。

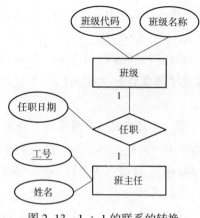

图 2-13　1∶1 的联系的转换

关系模式的转换结果如下：

班级（<u>班级代码</u>，班级名称）
班主任（<u>工号</u>，姓名，班级代码，任职日期）

② 1∶n 联系的转化。将联系与 n 端实体所对应的关系模式合并，加入 1 端实体的键和联系的属性。

【示例 2.7】　在 E-R 图中的图书和图书类型的联系是 1∶n 的，如图 2-14 所示，转换为关系模式。

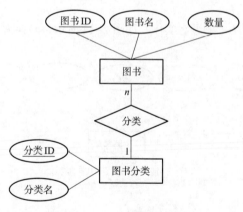

图 2-14　1∶n 的联系的转换

关系模式的转换结果如下：

图书（<u>图书 ID</u>，图书名，分类 ID，数量）
图书分类（<u>分类 ID</u>，分类名）

③ m∶n 联系的转换。将联系转换成一个独立的关系模式，该联系相连的各实体的键和联系本身的属性转换为关系的属性。

【示例 2.8】　在 E-R 图中的图书和订单的联系是 m∶n 的，如图 2-15 所示，转换为关系模式。

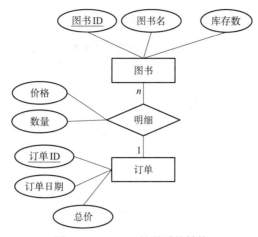

图 2-15 m：n 的联系的转换

关系模式的转换结果如下：

图书（<u>图书 ID</u>，图书名，库存数）
订单（<u>订单 ID</u>，订单日期，总价）
订单明细（<u>订单 ID</u>，<u>图书 ID</u>，价格，数量）

【示例 2.9】 网上书城的具有如下实体：

顾客（<u>顾客 ID</u>，姓名，密码，性别，电话）
图书分类（<u>分类 ID</u>，分类名）
图书（<u>图书 ID</u>，图书名，库存数）
订单（<u>订单 ID</u>，订单日期，总价）
留言（<u>留言 ID</u>，留言内容，发表时间）

绘制网上书城的 E-R 图，并标明实体之间的联系，最后将 E-R 图转换为关系模式。
设计的 E-R 图，如图 2-16 所示。

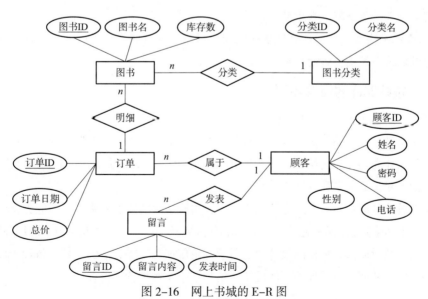

图 2-16 网上书城的 E-R 图

将网上书城的 E-R 图转换为关系模式如表 2-1 所示：

表 2-1　网上书城的关系模型信息

数据性质	关系名	属性名	转换说明
实体	顾客	顾客 ID，姓名，密码，性别，电话	
实体	图书分类	分类 ID，分类名	
实体	图书	图书 ID，分类 ID，图书名，库存数	分类 ID 为合并后关系新增属性，作为外键
实体	订单	订单 ID，顾客 ID，订单日期，总价	顾客 ID 为合并后关系新增属性，作为外键
实体	留言	留言 ID，顾客 ID，留言内容，发表时间	留言关系没有主键，添加留言 ID 作为主键列，顾客 ID 为合并后关系新增属性，作为外键
1:n 联系	订单明细	订单 ID，图书 ID，价格，数量	订单 ID，图书 ID 为合并后关系新增属性，作为复合主键，并新增价格数量两个新属性
1:n 联系			与图书关系合并
1:n 联系	发表		与留言关系合并
1:n 联系			与订单关系合并

提示：

① 将各实体转换为对应的关系模式（即为表），将各属性转换为各表对应的关系模式的属性（即为表的列）。

② 标识每个关系模式的主键列，需要注意的是：没有主键的表添加 ID 编号作为主键列，它没有实际含义，例如留言表中的"留言 ID"。

③ 在表之间建立主外键，体现实体之间的联系。在将联系合并到一端实体时，另一端实体的主键即为合并端实体的外键。

2.1.5　关系数据库的设计步骤

DBMS 只是给用户为已采用的数据库提供一个舞台，例如网上书城系统最终采用 MySQL 作为数据库管理系统，该系统是以二维表为基本管理单元、支持所有关系代数操作、支持实体完整性与实体间参照完整性的全关系型 RDBMS，而我们要在这个舞台上利用上述"道具"设计一个面向对象的关系数据库。

数据库设计是指对于一个给定的应用环境，构造最优的数据库模式，建立数据库及其应用系统，有效存储数据，满足用户信息要求和处理要求。由于信息结构复杂，应用环境多样，在相当长的一段时期内，数据库设计缺乏科学理论依据和工程方法的支持，依赖于设计人员的经验和水平，从而难以保证工程的质量，增加了系统维护的代价。

规范法设计从本质上看仍然属于手工设计方法,但其基本思想确是过程迭代和逐步求精。目前常用的数据库设计工具软件有 Power Designer 和 Rational Rose,这些工具软件能自动或辅助设计人员完成数据库设计过程中的很多任务,但使用起来还都属于规范法设计方法。按照规范法设计的方法,考虑数据库及其应用系统的开发全过程,将数据库设计分为以下 6 个阶段。

1. 需求分析阶段

数据库设计首先需要了解与分析用户应用需求(包括数据与处理),在收集资料、分析整理资料的基础上,画出数据流程图(Data Flow Diagram, DFD),然后建立数据字典(Data Dictionary, DD),并把数据流程图和数据字典的内容返回客户,进行用户确认,最终形成数据库需求分析的完整文档。需求分析的结果是否准确反映了客户的实际要求,将直接影响到之后各个阶段的设计是否合理和实用。

2. 概念设计阶段

根据需求分析的结果,设计独立于各个 DBMS 产品的概念模型,并用 E-R 图来描述概念模型。

3. 逻辑设计阶段

将概念设计 E-R 图转换成具体 DBMS 产品支持的关系数据模型(基本表),并对数据模型进行优化。根据用户处理的要求,在基本表的基础上再建立必要的视图。

4. 物理设计阶段

对逻辑设计的关系模型,根据 DBMS 特点和处理的需要,进行物理存储安排、设计索引等。

5. 数据库实施阶段

运用 DBMS 提供的数据语言和工具,根据逻辑设计和物理设计的结果建立数据库系统,编写数据库应用程序,组织数据入库,并进行试运行。

6. 数据库运行和维护阶段

数据库系统经过试运行后即可投入正式运行,并根据运行的情况不断地对其进行评价与修改。数据库经常性的维护工作主要由数据库管理员 DBA 来完成,包括数据库的转储和恢复、数据库的安全性、数据库性能监视和优化等。

任务 2.2　数据库规范化设计

2.2.1　数据规范化的意义

在数据库设计中,简洁、结构明晰的表结构对数据库的设计是相当重要的。规范化的表结构设计,在以后的数据维护中,不会发生插入、删除和更新时的异常。反之,数据库表结构设计不合理，不仅会给数据库的使用和维护带来各种各样的问题，而且可能存储了大量不需要的冗余信息，浪费系统资源。

数据应该尽可能少地冗余，这意味着重复数据应该减少到最少。比如，一个部门员工的电话不应该被存储在不同的表中，因为这里的电话号码是员工的一个属性。如果存在过多的冗余数据，这就意味着要占用了更多的物理空间，同时也对数据的维护和一致性检查带来问题，当这个员工的电话号码变化时，冗余数据会导致对多个表的更新操作，如果有一个表不幸被忽略了，那么就可能导致数据的不一致性。

在设计和操作维护数据库时，关键的步骤是要确保数据正确地分布到数据库的表中。使用正确的数据结构，不仅便于对数据库进行相应的存取操作，而且可以极大地简化应用程序的其他内容(查询、窗体、报表、代码等)。关系数据库范式理论是在数据库设计过程中将要依据的准则，数据库结构必须要满足这些准则，才能确保数据的准确性和可靠性。这些准则称为规范化形式，即范式。

2.2.2 函数依赖的概念

假设 R(U) 是属性集 U 上的关系模式，X、Y 是 U 的子集。

1. 函数依赖关系

定义：在关系 R(U) 中，不可能存在两个元组在 X 属性上相等，而在 Y 属性上不相等，则称 Y 函数依赖于 X 函数，记作 X → Y。

```
关系 R={职工号，姓名，职务，工程名称，小时工资，工时}
数据依赖集 F={职工号→姓名，职工号→职务，职务→小时工资，(职工号，工程名称)→工时}
主键={职工号，工程名}
```

2. 传递函数依赖关系

对于关系 R，存在依赖关系{职工号→职务，职务→小时工资}，则"职工号"传递依赖于"小时工资"。

3. 部分函数依赖关系

对于关系 R，存在依赖{职工号→姓名，职工号→职务，职务→小时工资}，则"姓名""职务""小时工资"部分传递依赖于主键(职工号，工程名称)。

2.2.3 三大范式

1. 第一范式（First Normal Form：1NF）

定义：所有属性不可再分。记作 R ∈ 1NF。

第一范式要求每一个数据项都不能拆分成两个或两个以上的数据项。满足 1NF 是关系模式规范化的最低要求，否则将有许多基本操作在这样的关系模式中实现不了。

【示例 2.10】 有如下学生成绩关系，如表 2-2 所示，分析学生成绩关系中存在的问题，以及该如何解决。

表2-2　学生成绩关系

学号	姓名	性别	专业	成绩		
				数学	英语	政治
201001001	张强	男	电子	88	95	90
201001002	李明	男	管理	82	85	91
201001003	吴红	女	计算机	90	87	93
201001004	赵欣	女	管理	91	84	85

（1）问题分析：学生成绩表中有一个成绩属性，而成绩由数学、英语和政治三个子属性组成，达不到1NF要求。

（2）解决方法：将成绩在属性上展开，展开后的关系模式，如表2-3所示。

表2-3　成绩属性展开后的关系模式

学号	姓名	性别	专业	数学成绩	英语成绩	政治成绩
201001001	张强	男	电子	88	95	90
201001002	李明	男	管理	82	85	91
201001003	吴红	女	计算机	90	87	93
201001004	赵欣	女	管理	91	84	85

2. 第二范式（Second Normal Form：2NF）

定义：所有非主属性完全依赖主键。记作 R ∈ 2NF。

如果一个关系满足1NF，并且除了主键以外的其他属性，都依赖与该主键，则满足第二范式。第二范式要求每个表只描述一种关系模式，对达不到第二范式要求的关系要拆分，原则是概念单一，完整无损。

【示例2.11】 有一个工程项目关系模式，如表2-4所示，分析工程项目关系中存在的问题，以及该如何解决。

表2-4　项目工程表

职工号	姓名	职务	工程名称	小时工资	工时
1001	李思	工程师	开明饭店	80	60
1002	李明	技术员	开明饭店	60	120
1003	赵宇	技术员	开明饭店	60	150
1004	张培	助工	开明饭店	70	80
1001	李思	工程师	沁园大厦	80	80
1005	葛洪	技术员	沁园大厦	60	150
1003	赵宇	技术员	沁园大厦	60	70

（1）问题分析：表中包含大量的冗余，可能会导致数据异常。

更新异常：例如，修改职工号=1001的职务，则必须修改所有职工号=1001的行。

删除异常：例如，1001 号职工要辞职，则必须删除所有职工号 = 1001 的数据行。这样的删除操作，很可能丢失了其他有用的数据。

添加异常：例如要增加一个新的职工时，首先必须给这名职工分配一个工程。或者为了添加一名新职工的数据，先给这名职工分配一个虚拟的工程。

数据冗余：小时工资在多行出现。

> 属性集 = { 职工号，姓名，职务，工程名称，小时工资，工时 }
> 函数依赖集 = { 职工号→姓名，职工号→职务，职务→小时工资，（职工号，工程名称）→工时 }
> 主键 = { 职工号，工程名 }
> 非主属性 = { 姓名，职务，小时工资，工时 }

由于非主属性（姓名，职务，小时工资）部分函数依赖于主键（职工号，工程名），所以工程项目关系达不到 2NF。

（2）解决方法：将工程项目关系分解如下。

工时表（职工号，工程名称，工时），拆分后的工程表如表 2-5 所示。

表 2-5　拆分后的工程表

职 工 号	工程名称	工　　时
1001	开明饭店	60
1002	开明饭店	120
1003	开明饭店	150
1004	开明饭店	80
1001	沁园大厦	80
1005	沁园大厦	150
1003	沁园大厦	70

职工表（职工号，姓名，职务，小时工资），拆分后的职工表如表 2-6 所示

表 2-6　拆分后的职工表

职 工 号	姓　　名	职　　务	小时工资
1001	李思	工程师	80
1002	李明	技术员	60
1003	赵宇	技术员	60
1004	张培	助工	70
1005	葛洪	技术员	60

3. 第三范式（Third Normal Form：：3NF）

定义：所有非主属性都不传递函数依赖于主键。记作：R ∈ 3NF。

如果一个关系已经满足第二范式，而且该数据表中的任何两个非主属性的数值之间不存在函数依赖关系，该关系满足第三范式。3NF 是一个可用的关系模式必须满足的最低范式要求。

【示例2.12】 在【示例2.11】中对于拆分后的职工表，如表2-6所示，分析其中存在的问题，以及该如何解决。

（1）问题分析。

数据冗余：相同的小时工资在多行出现。

在职工关系中，职工号→职务，职务→小时工资，导致职工号传递依赖于小时工资即职工号→小时工资。由于主键"职工号"与非主属性"小时工资"之间存在传递函数依赖，所以职工关系达不到3NF。

（2）解决方法：将职工关系分解如下。

职工表(职工号，姓名，职务)，拆分后的职工表如表2-7所示。

表2-7 拆分后的职工表

职 工 号	姓 名	职 务
1001	李思	工程师
1002	李明	技术员
1003	赵宇	技术员
1004	张培	助工
1005	葛洪	技术员

职务表(职务，小时工资)，拆分后的职务表如表2-8所示。

表2-8 拆分后的职务表

职 务	小时工资
工程师	80
助工	70
技术员	60

2.2.4 规范化设计小结

为了设计结构良好的数据库，需要遵守一些专门的规则，称为数据库的范式。

第一范式（1NF）的目标：确保表中每列不可再分。

第二范式（2NF）的目标：确保表中每列都和主键相关。

第三范式（3NF）的目标：确保表中每列都和主键直接相关，而不是间接相关。

进行规范化的同时，还需要综合考虑数据库的性能要求。

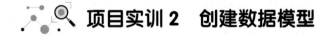

项目实训 2 创建数据模型

一、实训目的

1. 能设计图书借阅系统的局部 E-R 图，并集成全局 E-R 图。
2. 能运用关系数据模型的基本知识将概念模型转换为关系模型。

3. 能应用关系规范化方法对关系模型进行规范化和优化。

二、实训内容

1. 图书借阅系统中，根据系统需求分析，得到以下实体：

读者实体：属性有读者编号、姓名、读者类型和已借数量等。

图书类型：属性有类型编号、类型名。

图书实体：属性有图书编号、书名、作者、出版社、出版日期和定价等。

图书存放信息实体：属性有条形码、图书编号、入库日期、图书状态等。

读者和图书实体之间通过借阅建立联系，并派生出借期和还期属性。假定一位读者可以借阅多本图书，一本图书可以经多位读者借阅，一种图书分类可以有多本图书。

（1）根据以上需求分析设计其 E-R 图。

（2）根据项目需求标示出实体的主键和外键。

（3）将 E-R 图转换为关系模式。

2. 有一个图书关系模式（见表2-9），分析图书关系中存在的问题，该关系满足第几范式，以及该如何解决。

表 2-9 图书关系模式

图书编号	图书名	分类名	分类编号	作者	出版社
TP39/1712	Java 设计	计算机	1	张志成	电子工业出版社
TP55/85	数据结构	计算机	1	李明浩	清华大学出版社
S39/44	机械制图	机械	3	陈永红	机械工业出版社
TP39/21	C++ 程序设计	计算机	1	陈非凡	人民邮电出版社
W2/48	鼠小说	文学	4	葛永红	清华大学出版社
ZY1/41	中医的故事	医学	6	刘小龙	互动出版社

三、实训小结

能运用本项目的知识，绘制数据库的概念模型 E-R 图，并能运用关系数据模型的基本知识将 E-R 图转换为关系模型，对关系模型能应用关系规范化方法进行规范化和优化，并根据项目需求进行主码设置和外码设置。希望读者通过练习加深对 E-R 图和关系模型的理解，提高运用能力。

课后习题

一、选择题

1. 对关系模式的任何属性（　　）。

　　A. 不可再分　　　　　　　　　　B. 可再分

　　C. 命名在该关系模式中可以不唯一　　D. 以上都不是

2. 在关系 R(R#，RN，S#) 和 S(S#，SN，SD) 中，R 的主键是 R#，S 的主键是 S#，则

S# 在 R 中称为（　　）。

　　A. 外键　　　　B. 候选键　　　　C. 主键　　　　D. 以上都不是

3. 在数据库逻辑设计阶段，需要将（　　）转换为关系模式。

　　A. 层次模型　　B. 物理模型　　　C. E-R 模型　　D. 网状模型

4. 一个关系的"主键"（　　）。

　　A. 不能有两个　　　　　　　　　B. 不能成为另一个关系的外键

　　C. 不允许为空　　　　　　　　　D. 可以取值

5. 在基本的关系中，下列说法是正确的是（　　）。

　　A. 行列顺序有关　　　　　　　　B. 属性名允许重名

　　C. 任意两个元组不允许重复　　　D. 列是非同质的

6. 已知关系模式 R（A，B，C，D，E）及其上的函数相关性集合 F = {A→D，B→C，E→A}，该关系模式的候选关键字是（　　）。

　　A. AB　　　　　B. BE　　　　　C. CD　　　　　D. DE

7. 设有关系模式 W（C，P，S，G，T，R），其中各属性的含义是：C 表示课程，P 表示教师，S 表示学生，G 表示成绩，T 表示时间，R 表示教室，根据语义有如下数据依赖集：D={C→P，(S, C)→G，(T, R)→C，(T, P)→R，(T, S)→R}，关系模式 W 的一个关键字是（　　）。

　　A.（S，C）　　B.（T，R）　　　C.（T，P）　　D.（T，S）

二、操作题

学校教务管理系统，根据系统需求分析，得到以下实体：

学生实体：属性有学号、姓名、性别、出生日期和专业等。

课程实体：属性有课程号、课程名和学分等。

学生与课程实体之间通过选课建立联系，并派生出新的属性成绩。假定一门课程有若干名学生选修，而一名学生可以选修多门课程，课程和学生之间具有多对多的联系。

1. 根据以上需求分析设计其 E-R 图。

2. 根据项目需求标示出实体的主键和外键。

3. 将 E-R 图转换为关系模式。

项目 3 网上书城数据库和表的管理

📖 学习目标

● **知识目标**

1. 掌握数据库的创建与管理。
2. 掌握表的创建与管理。
3. 了解 MySQL 中的数据类型。
4. 理解字段与记录的关系。
5. 掌握 SQL 语句的基本格式。

● **能力目标**

1. 具备用对象资源管理器创建并管理数据库和表的基本能力。
2. 具备用 T_SQL 语句创建数据库和表的基本能力。
3. 能够实现对数据进行完整性约束。
4. 具备对象资源管理器和 T_SQL 语句对数据进行管理的能力。

● **素质目标**

1. 本项目通过设置创建数据库、数据表、管理数据等任务,把科学精神与数据安全概念融入完成学习任务的每一个环节,培养学生敬畏职业、追求卓越的职业精神。

2. 始终保持对数据"完整性"的追求,不断优化数据表的设计,尽全力提升网上书城项目数据表合理设计,做到精益求精的态度。

● **素质园地**

1. 软件工程师需要如何做好时间管理,推荐两本时间管理的课外读物,引导学生分析与规划自己的时间。

2. 为了培养学生时间管理的职业精神而开展"课前分组调研、课上小组讨论与小组共同探究式学习"等沉浸式教学贯穿于教学的全过程。

项目 3 网上书城数据库和表的管理

项目简介

数据库对象包括表、视图、索引、存储过程和触发器等。应用 MySQL 进行数据管理之前，首先必须创建好数据库。数据库本身无法直接存储数据，存储数据是通过数据库中的表来实现的。在网上购物时，我们需要注册并提交个人信息。程序员设计对应购物系统时需要用户提交会员名、密码和电子邮件等，这个过程称为数据表的设计过程；用户可注册提交个人会员记录；已注册的会员可以对自己的基本信息进行修改，即对表中记录的修改；对于非法用户，商城管理员可以删除用户信息，即对表记录的删除。本项目将围绕网上书城数据库和数据表的构建过程，展开阐述相关的知识点。项目 3 知识要点如图 3-1 所示。

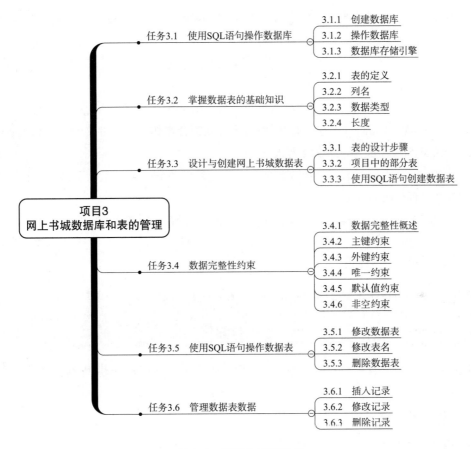

图 3-1 项目 3 知识要点

单词学习

1. Create 创建
2. Insert 插入
3. Primary 主要的
4. Structured 结构化的
5. Log 日志
6. SQL 结构化查询语言
7. Alter 修改
8. Drop 删除
9. Character 字符
10. Engine 引擎

任务 3.1 使用 SQL 语句操作数据库

数据库是用于存放数据和数据库对象的容器。数据库对象包括表、索引、存储过程、视图、触发器、用户、角色、类型、函数等。每一个数据库都有唯一的名称,并且数据库的名字都是有实际意义的,这样就可以清晰地看出每个数据库中是存放什么数据的。

3.1.1 创建数据库

在 MySQL 中,创建数据库必须通过 SQL 语句 CREATE DATABASE 实现的。其语法形式如下:

```
CREATE DATABASE db_name CHARACTER SET  character_name;
```

参数说明如下:

(1) db_name:表示所要创建的数据库的名称。在 MySQL 的数据存储区将以目录方式表示 MySQL 数据库。因此,命令中的数据库名字必须符合操作系统文件夹命名规则。值得注意的是:在 MySQL 中是不区分大小写的。

(2) character_name:表示数据库的字符集,设置字符集的目的是为了避免在数据库中存储的数据出现乱码的情况。

【示例 3.1】 创建一个名为 bookshop 的数据库,并设置其字符集为 gbk。

```
CREATE DATABASE bookshop CHARACTER SET gbk;
```

命令执行结果如下所示。

```
mysql> CREATE DATABASE bookshop CHARACTER SET gbk;
Query OK, 1 row affected (0.01 sec)

mysql> CREATE DATABASE bookshop CHARACTER SET gbk;
ERROR 1007 (HY000): Can't create database 'bookshop'; database exists
```

注意:MySQL 不允许两个数据库使用相同的名字。每一条 SQL 语句都以";"作为结束标志。

3.1.2 操作数据库

1. 查看数据库

成功创建数据库后,可以使用 SHOW 命令查看 MySQL 服务器中的所有数据库信息。语法如下:

```
SHOW DATABASES;
```

【示例 3.2】 SHOW 命令查看 MySQL 服务器中的所有数据库。

语句执行如下所示。从运行的结果可以看出,通过 SHOW 命令查看 MySQL 服务器中的所有数据库,结果显示 MySQL 服务器中有四个数据库。

```
+--------------------+
| Database           |
+--------------------+
| information_schema |
| bookshop           |
| mysql              |
| performance_schema |
+--------------------+
4 rows in set (0.00 sec)
```

2. 选择数据库

虽然成功创建了数据库，但并不表示当前就在操作数据库 bookshop。可以使用 USE 语句选择一个数据库。其语法格式如下：

```
USE db_name;
```

说明，这个语句也可以用来从一个数据库"跳转"到另一个数据库，在用 CREATE DATABASE 语句创建了数据库之后，该数据库不会自动成为当前数据库，需要用 USE 语句指定。

例如，选择名称为 bookshop 的数据库，设置其为当前默认数据库，语法执行结果如下。

```
mysql> USE bookshop;
Database changed
mysql>
```

3. 修改数据库

数据库创建后，如果需要修改数据库的参数，可以使用 ALTER DATABASE 命令。其语法格式如下：

```
ALTER DATABASE db_name CHARACTER SET character_name;
```

其中，db_name 是要修改的数据库名；character_name 是修改的字符集的名称。字符集的名称与新建数据库时的字符集相同。

【示例 3.3】 将数据库 bookshop 所用的字符集修改成 gb2312。

具体修改语句如下：

```
ALTER DATABASE bookshop CHARACTER SET gb2312;
```

语句执行结果如下所示。

```
mysql> ALTER DATABASE bookshop CHARACTER SET gb2312;
Query OK, 1 row affected (0.01 sec)
```

4. 删除数据库

删除数据库的操作可以使用 DROP DATABASE 语句，其语法格式如下：

```
DROP DATABASE db_name;
```

其中，db_name 是要删除的数据库名。删除数据的操作应该谨慎使用，一旦执行该操作，数据库的所有结构和数据都会被删除，没有恢复的可能，除非数据库有备份。

例如，通过 DROP DATABASE 语句删除名称为 bookshop 的数据库，如下所示。

```
mysql> DROP DATABASE bookshop;
Query OK, 0 rows affected (0.00 sec)
```

3.1.3 数据库存储引擎

数据库存储引擎是数据库底层软件组件，数据库管理系统（DBMS）使用数据引擎进行创建、查询、更新和删除数据操作。不同的存储引擎提供不同的存储机制、索引技巧、锁定水平等功能，使用不同的存储引擎，还可以获得特定的功能。现在许多不同的数据库管理系统都支持多种不同的数据引擎。MySQL 的核心就是存储引擎。存储引擎是基于表的（任务 3.2 中讲到），同一个数据库，不同的表，存储引擎可以不同。甚至，同一个数据库表在不同的场合可以应用不同的存储引擎。

目前，MySQL 的存储引擎至少 10 种，使用 MySQL 命令"SHOW ENGINES;"即可查看 MySQL 服务实例支持的存储引擎。如下所示。

Engine	Support	Comment	Transactions	XA	Savepoints
FEDERATED	NO	Federated MySQL storage engine	NULL	NULL	NULL
MRG_MYISAM	YES	Collection of identical MyISAM tables	NO	NO	NO
MyISAM	DEFAULT	MyISAM storage engine	NO	NO	NO
BLACKHOLE	YES	/dev/null storage engine (anything you write to it disappears)	NO	NO	NO
CSV	YES	CSV storage engine	NO	NO	NO
MEMORY	YES	Hash based, stored in memory, useful for temporary tables	NO	NO	NO
ARCHIVE	YES	Archive storage engine	NO	NO	NO
InnoDB	YES	Supports transactions, row-level locking, and foreign keys	YES	YES	YES
PERFORMANCE_SCHEMA	YES	Performance Schema	NO	NO	NO

9 rows in set (1.00 sec)

从以上运行的结果看到，Support 列的值表示某种引擎是否能使用，YES 表示可以使用，NO 表示不能使用，DEFAULT 表示该引擎为当前默认存储引擎。当前 MySQL 主要支持（Support="YES"）8 种存储引擎，事实上，从 5.5 版本开始，MySQL 已将默认存储引擎从 MyISAM 更改为 InnoDB。

1. InnoDB 存储引擎

InnoDB 事务型数据库的首选引擎，支持事务安全表（ACID），支持行锁定和外键。相对 MySQL 来说，写处理能力差些，且会占用较多磁盘空间以保留数据和索引。InnoDB 的主要特性有以下几点：

（1）支持自动增长列。存储数据表中的数据时，每个表的存储都按主键顺序存放。如果在表定义时没有指定主键，InnoDB 存储引擎会为每一行生成一个 6 字节的 ROWID，并以此作为主键。此 ROWID 由自动增长列的值进行填充。

（2）InnoDB 支持外键完整性约束。只有 InnoDB 引擎支持外键约束。外键所在表为子表，外键所依赖的表为父表。表中被子表外键关系的字段必须为主键。当删除、更新父表的某条记录时，子表也必须有相应的改变。创建索引时，可指定删除、更新父表时对子表的相应操作。

（3）存储格式。InnoDB 存储表和索引有下面两种方式：

① 使用共享表空间存储。表结构保存在 .frm 文件中，数据和索引保存在 innodb_data_home_dir 和 innodb_data_file_path 定义的表空间中，可以为多个文件。

② 使用多表空间存储。表结构仍然存储在 .frm 文件中，但每个表的数据和索引单独保存在 .ibd 中。若为分区表，则每个分区对应单独的 .ibd 文件，文件名为表名 + 分区名。使用多表空间存储，需要设置参数 inno_file_per_table，并重启服务才可生效，只对新建表有效。

2. MyISAM 存储引擎

MyISAM 是基于 ISAM 的存储引擎,并对其进行了扩展。MyISAM 是在 Web、数据存储和其他应用环境下最常使用的存储引擎之一。MyISAM 拥有较高的插入、查询速度,但不支持事务。

(1) MyISAM 存储引擎的文件类型。该引擎的表存储成 3 个文件,文件的名字与表名相同。扩展名包括 frm、MYD 和 MYI。其中,frm 表示存储表的结构;MYD 表示存储数据,是 MYData 的缩写;MYI 表示存储索引,是 MYIndex 的缩写。

(2) 基于 MyISAM 存储引擎的表支持 3 种不同的存储格式,分别是静态型、动态型和压缩型。

① 静态表。默认存储格式、字段长度固定,存储迅速,容易缓存。缺点是占用空间多。需要注意的是,字段存储按照宽度定义补足空格,应用访问时去掉空格;若字段本身就带有空格,也会去掉,这点须特别注意。

② 动态表。变长字段,记录不是固定长度,优点是占用空间少,但频繁的更新、删除操作会产生碎片,需要定期执行 OPTIMIZE TABLE 语句或 myisamchk-r 命令来改善,出现故障时难以恢复。

③ 压缩表。由 myisampack 工具创建,每个记录单独压缩,访问开支小,占用空间小。

3. MEMORY 存储引擎

MEMORY 存储引擎是 MySQL 中的一类特殊的存储引擎,使用权存储在内存中的内容来创建表,而且所有数据也放在内存中。这些特性都与 InnoDB 存储引擎、MyISAM 存储引擎不同。

MEMORY 表的大小是受到限制的。表的大小主要取决于两个参数,分别是 max_rows 和 max_heap_table_size。其中,max_rows 可以在创建表时指定;max_heap_table_size 的大小默认为 16MB,可以按需要进行扩大。因为其存在于内存中的特性,这类表的处理速度非常快。但是,其数据易丢失,生命周期短。

MEMORY 不支持 VARCHAR、BLOB 和 TEXT 数据类型,因为这种表类型按固定长度的记录格式存储。此外,如果使用 4.1.0 版本之前的 MySQL,则不支持自动增加列(通过 AUTO_INCREMENT 属性)。当然,要记住 MEMORY 表只用于特殊的范围,不会用于长期存储数据。基于这个缺陷,选择 MEMORY 存储引擎时要特别小心。

4. 如何选择存储引擎

不同存储引擎都有各自的特点,以适应不同的需要,如表 3-1 所示。为了做出选择,首先需要考虑每一个存储引擎提供了哪些不同的功能。

表 3-1 MySQL 存储引擎功能对比

功　　能	InnoDB	MyISAM	Memory
存储限制	64TB	256TB	RAM
支持事务	支持	无	无
空间使用	高	低	低
内存使用	高	低	高
支持数据缓存	支持	无	无
插入数据速度	低	高	高
支持外键	支持	无	无

如果要提供提交、回滚和崩溃恢复能力的事务安全（ACID 兼容）能力，并要求实现并发控制，InnoDB 是一个很好的选择。如果数据表主要用来插入和查询记录，则 MyISAM 引擎能提供较高的处理效率。如果只是临时存放数据，数据量不大，并且不需要较高的数据安全性，可以选择将数据存在内存中的 MEMORY 引擎，MySQL 中使用该引擎作为临时表存放查询的中间结果。

使用哪一种引擎要根据需要灵活选择，一个数据库中的多个表可能使用不同存储引擎以满足各种实际需求。使用合适的存储引擎，将会提高整个数据库的性能。

任务 3.2　掌握数据表的基础知识

表（Table）是数据库最重要的对象，可以说没有表，也就没有数据库。表是用来实际存储和操作数据的逻辑结构，对数据库的各种操作，实际上就是对数据库中表的操作。

3.2.1　表的定义

表是包含数据库中所有数据的数据库对象。在表中，数据成二维行列格式，每一行代表一个唯一的记录，每一列代表一个域。表 3-2 所示为一张用户信息表，该表每一行横向数据代表的是每一位用户信息，称为行（Row），而该表每一纵向数据代表用户信息的详细资料，称为列（Column），每一列都有一个列名。

表 3-2　用户信息表

编　号	真实姓名	密　码	邮　箱	级　别	部门编号	状　态
u1001	张小明	654321	xiaoming@163.com	超级管理员	d1001	1
u1002	李华	345678	lihua@163.com	普通管理员	d1001	1
u1003	李小红	234567	xiaohong@163.com	普通管理员	d1001	1
u1004	张天浩	453124	tianhao@126.com	普通用户	d3001	1
u1005	李洁	467894	lijie@163.com	普通用户	d5001	0

3.2.2　列名

列名是用来访问表中具体域的标识符，列名必须遵循下列规则：

（1）列名是可以含有 1～128 的 ASCII 码字符，它的组成包括字母、下画线、符号以及数字。

（2）不要给列名命名为与 SQL 关键字相同的名字，比如 SELECT、IN、DESC 等。

（3）列名应该反映数据的属性。

3.2.3　数据类型

数据类型决定常量或变量的值代表何种形式的数据。每定义一个列时，都要指定数据类型,以此限制列中可以输入的数据类型和长度,从而保证基本数据的完整性。选择每列的正确数据类型对有效数据存储性能和应用程序支持都很重要。

1. 数值类型

数值类型,是用来存放数字类型的数据,包括整数、小数和浮点数。在实际应用中,不同的数据使用不同的数值类型。比如,当要在数据库中存放年龄信息时,使用整型;当精度比较高的数据(如金额)可以用浮点类型。当用于处理取值范围非常大且对精确度要求不是十分高的数据,可以使用小数类型。

(1)整数数据类型。整数数据类型包括 bigint、int、mediumint、smallint 和 tinyint,从标志符的含义可以看出,它们表示数的范围逐渐缩小。整数类型的取值范围及说明如表 3-3 所示。

表 3-3 整数类型

数据类型	取值范围	说明
bigint	$-2^{63} \sim 2^{63}-1$	占用 8 个字节
int	$-2^{31} \sim 2^{31}-1$	占用 4 个字节
mediumint	$-2^{23} \sim 2^{23}-1$	占用 3 个字节
smallint	$-2^{15} \sim 2^{15}-1$	占用 2 个字节
tinyint	$-2^{7} \sim 2^{7}-1$	占用 1 个字节

(2)小数数据类型。小数数据类型是由整数部分和小数部分构成,其所有的数字都是有效位,能够以完整的精度存储十进制数。小数数据类型包括 decimal、numeric 两类。从功能上说两者完全等价,两者的唯一区别在于 decimal 不能用于带有 indentity 关键字的列。

声明小数数据类型的格式是 numeric| decimal(p[,s]),其中 p 为精度,s 为小数位数,s 的默认值为 0。例如,指定某列为小数数据类型,精度为 6,小数位数为 3,即 decimal(5,3),那么若向某记录的该列赋值 12345.123423 时,该列实际存储的是 12345.12342。

(3)浮点数据类型。浮点型也称近似类型。这种类型不能提供精确表示数据的精度,使用这种类型来存储某些数值时,有可能会损失一些精度。所以它可用于处理取值范围非常大且对精度要求不是十分高的数据,如一些统计量。浮点类型的取值范围及说明如表 3-4 所示。

表 3-4 浮点类型

数据类型	取值范围	说明
float	占用 4 个字节长度	存储要求是 8 个字节,数据精确为 7 位小数拉
double	占用 8 个字节长度	存储要求是 8 个字节,数据精确度到 15 位小数位

2. 字符串类型

字符串类型也是数据表中数据存储的重要类型之一。字符串类型主要是用来存储字符串或文本信息的。在 MySQL 数据库中，常用的字符串类型主要包括 char、varchar、binary、varbinary 等类型。字符串类型的取值范围及说明如表 3-5 所示。

表 3-5 字符串类型

数据类型	取值范围	说　　明
char	0~255 个字符	定长的数据。存储形式是 char(n)，n 代表存储的最大字符数
varchar	0~65535 个字符	变长的数据。存储形式是 varchar(n)，n 代表存储的最大字符数
binary	0~255 个字节	定长的数据。存储的是二进制数据，形式是 binary(n)，n 代表存储的最大字节数
varbinary	0~65535 个字节	变长的数据。存储的是二进制数据，形式是 varbinary(n)，n 代表存储的最大字节数

3. 日期时间类型

在数据库中经常会存放一些日期时间的数据，比如：在数据表中记录添加数据的时间。对于日期和时间类型的数据也可以用字符串类型存放，但是为了使数据标准化，在数据库中提供了专门存储日期和时间的数据类型。在 MySQL 中，日期时间类型包括 year datetime、date、time、timestamp 等。日期时间类型的取值范围及说明如表 3-6 所示。

表 3-6 日期时间类型

数据类型	取值范围	说　　明
year	1901~2155	存储格式是 YYYY
datetime	1000-01-01 00:00:00~9999-12-31 23:59:59	存储格式是 YYYY-MM-DD HH:MM:SS
date	1000-01-01~9999-12-31	存储格式是 YYYY-MM-DD
time	-838:59:59~838:59:59	存储格式是 HH:MM:SS
timestamp	显示的固定宽度是 19 个字符	主要用来记录 update 或 insert 操作时的时间

4. enum 类型和 set 类型

所谓枚举类型 enum，就是指定数据只能取指定范围内的值。enum 类型最多可以有 65 535 个成员，而 set 类型最多只能包含 64 个成员。两者的取值只能在成员列表中选取。enum 类型只能从成员中选择一个，而 set 类型可以选择多个。

因此，对于多个值选取一个的，可以选择 enum 类型。例如，"性别"字段就可以定义成 enum 类型，因为只能在"男"和"女"中选其中一个。对于可以选取多个值的字段，可以选择 set 类型，例如，"爱好"字段就可以选择 set 类型，因为可能有多种爱好。

5. text 类型和 blob 类型

text 类型和 blob 类型很类似。text 类型存储只能存储字符数据。而 blob 类型可以用于存储二进制数据。如果要存储文章等纯文本的数据，应该选择 text 类型。如果需要存储图片等二进制的数据，应该选择 blob 类型。

text 类型包括 tinytext、text、mediumtext 和 longtext。这 4 种类型的最大不同是内容的长度不同。tinytext 类型允许的长度小，longtext 类型允许的长度大。blob 类型也是如此。

3.2.4 长度

给列定义的大小部分指的是该列能接受多少个字符，比如 char 允许用户只输入一个字符，而另一些则不允许这样做，所以建议使列值尽可能小，显示列越小，表所占的空间也就越少。但是还有一个问题就是如果减少列的大小，MySQL 将用截断数据以满足新的大小尺寸，所以很可能丢失有价值的信息数据。

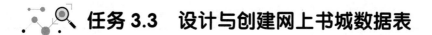

任务 3.3　设计与创建网上书城数据表

3.3.1 表的设计步骤

在一个数据库中包含各个方面的数据，如在 bookshop 数据库中，包含商品信息、顾客信息和订单信息等。所以在设计数据库时，应先确定需要哪些表，表中将存储什么类型的数据，表之间的关系和数据的存取权限等。

创建表时，一次性定义所有需要的数据是最有效的方式，不过实际工作中，常常需要对已经定义的表进行必要的修改，如添加约束、索引、规则以及列。在创建表以及对象前，应尽量做好以下工作：

（1）表的命名方式。
（2）表中每一列的名称、数据类型及其长度。
（3）表中的列是否允许空值，是否唯一，是否要进行默认设置或添加用户定义约束。
（4）表间的关系，即确定哪些列是主键，哪些是外键。

3.3.2 项目中的部分表

前面已经了解了项目中要用到的部分表以及表与表之间的关系，在购物模块中需要创建 3 个表，各表的结构如表 3-7 ~ 表 3-9 所示。

表 3-7　顾客信息表（customers）

序　号	属性名称	含　义	数据类型	为　空　性	备　注
1	cid	客户编号	char(6)	not null	主键约束
2	ctruename	真实姓名	varchar(30)	not null	
3	cpassword	客户密码	varchar(30)	not null	
4	csex	性别	char(2)	not null	
5	caddress	客户地址	varchar(50)	null	
6	cmobile	手机号码	varchar(11)	not null	
7	cemail	电子邮箱	varchar(50)	null	
8	cregisterdate	用户注册日期	datetime	not null	默认当前日期

表 3-8 订单信息表（orders）

序号	属性名称	含义	数据类型	为空性	备注
1	oid	订单编号	char(14)	not null	主键约束
2	cid	客户编号	char(6)	not null	外键约束
3	odate	订单日期	datetime	not null	当前日期
4	osum	订单金额	double	not null	
5	ostatus	订单状态	char(1)	not null	是否处理

表 3-9 订单详细表（orderdetails）

序号	属性名称	含义	数据类型	为空性	备注
1	odid	编号	char(6)	not null	主键约束
2	oid	订单编号	char(14)	not null	外键约束
3	gid	商品编号	char(6)	not null	外键约束
4	odprice	购买价格	double	not null	
5	odnumber	购买数量	int	not null	

3.3.3 使用 SQL 语句创建数据表

在创建完数据库之后，接下来的工作就是创建数据表。所谓创建数据表，指的是在已经创建好的数据库中建立新表。

创建数据表使用的是 CREATE TABLE 语句完成。其语法格式如下：

```
CREATE TABLE tb_name
(
 column_name1 datatype   [列级别约束条件],
 column_name2 datatype   [列级别约束条件],
 …
[表级别约束条件]
);
```

其中，tb_name 是创建的数据表名；column_name 是表中的列名；datatype 是表中列的数据类型。

【示例 3.4】设已经创建了数据库 bookshop，在该数据库中创建顾客信息表，结构如表 3-10 所示。

表 3-10 customers 表结构

字段名称	数据类型	备注
cid	char(6)	客户编号
ctruename	varchar(30)	真实姓名
cpassword	varchar(30)	客户密码
csex	char(2)	性别
caddress	varchar(50)	客户地址
cmobile	varchar(11)	手机号码
cemail	varchar(50)	电子邮箱
cregisterdate	datetime	用户注册日期

执行语句如下：

```
USE bookshop;
CREATE TABLE customers
(
    cid char(6)         not null primary key,
    ctruename           varchar(50),
    cpassword           varchar(50),
    csex                char(2),
    caddress            varchar(50),
    cmobile             varchar(11),
    cemail              varchar(50),
    cregisterdate       datetime
)ENGINE=InnoDB;
```

通过执行上面的语句，即可在数据库中创建一个名为 customers 的数据表，"ENGINE=InnoDB"表示采用的存储引擎是 InnoDB。使用"DESC 表名"就可以在 MySQL 数据库中查看到表的结构，如下所示。

```
mysql> DESC customers;
+---------------+-------------+------+-----+---------+-------+
| Field         | Type        | Null | Key | Default | Extra |
+---------------+-------------+------+-----+---------+-------+
| cid           | char(6)     | NO   | PRI | NULL    |       |
| ctruename     | varchar(50) | YES  |     | NULL    |       |
| cpassword     | varchar(50) | YES  |     | NULL    |       |
| csex          | char(2)     | YES  |     | NULL    |       |
| caddress      | varchar(50) | YES  |     | NULL    |       |
| cmobile       | varchar(11) | YES  |     | NULL    |       |
| cemail        | varchar(50) | YES  |     | NULL    |       |
| cregisterdate | datetime    | YES  |     | NULL    |       |
+---------------+-------------+------+-----+---------+-------+
8 rows in set (0.00 sec)
```

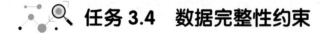 任务 3.4　数据完整性约束

3.4.1　数据完整性概述

数据完整性是指数据库中数据的准确性和一致性。如果两个或更多的表由于其存储的信息而相互关联，那么只要修改了其中一个表，与之相关的所有表都要做出相应的修改，如果不这么做，存储的数据就会不再准确。它是防止数据库中存在不符合语义规定的数据和防止因错误信息的输入/输出造成无效操作而提出的。数据完整性主要分为 4 类：实体完整性、域完整性、引用完整性和用户定义完整性。在 MySQL 中可以通过 PRIMARY KEY 约束、FOREIGN KEY 约束、UNIQUE、空值约束和默认值约束等来实施数据完整性。

1. 实体完整性

实体完整性规定表的每一行在表中是唯一的。通过索引、唯一约束、主键约束或标识列

属性，可以实现表的实体完整性。

2. 域完整性

域完整性是指数据库表中的列必须满足某种特定的数据类型或约束，其中约束又包括取值范围和精度等规定。通过 FOREIGN KEY 约束、DEFAULT 定义、NOT NULL 等都属于域完整性的范畴。

3. 引用完整性约束

引用完整性是指两个表的主关键字和外关键字的数据应对应一致。它确保了有主关键字的表中对应其他表的外关键字的行存在，即保证了表之间的数据的一致性，防止了数据丢失或无意义的数据在数据库中扩散。

4. 自定义完整性

用户定义完整性指的是用户指定的一组规则，它不属于实体完整性、域完整性或引用完整性。CREATE TABLE 中的所有列级和表级约束、存储过程和触发器都属于自定义完整性。

3.4.2 主键约束

主键约束是使用最为频繁的约束。表的一列或几列的组合的值在表中唯一地指定一行记录，这样的一列或多列称为表的主键，通过它可强制表的实体完整性。主键不允许为空值，且不同两行的键值不能相同。为了有效实现数据的管理，每个表都应该有主键，且只能有一个主键，设置主键后，系统会检查该字段（或字段组合）的输入值是否符合这个约束条件，从而维护数据的完整性，减少输入错误数据的概率。

1. 单字段主键

【示例 3.5】顾客信息表 customers 中需要以"顾客编号"作为顾客的唯一标识，在创建数据表 customers 时，为 cid 列设置 PRIMARY KEY 约束，由于单列组成主键，故该主键可以定义为列级主键。完成语句如下所示。

```
CREATE TABLE customers (
    cid             char(6)         not null    PRIMARY KEY,
    ctruename       varchar(30)     not null,
    cpassword       varchar(30)     not null,
    csex            char(2)         not null,
    caddress        varchar(50),
    cmobile         varchar(11)     not null,
    cemail          varchar(50) ,
    cregisterdate   datetime        not null
);
```

也可以在定义完所有的字段之后再指定主键。

```
CREATE TABLE customers (
    cid             char(6)         not null,
    ctruename       varchar(30)     not null,
    cpassword       varchar(30)     not null,
    csex            char(2)         not null,
```

```
    caddress         varchar(50) ,
    cmobile          varchar(11)    not null,
    cemail           varchar(50) ,
    cregisterdate    datetime       not null,
    Primary Key(cid)
);
```

上述两个语句执行后的结果是一样的,都会在 cid 字段上设置主键约束。

2. 多字段主键

复合主键由多个字段联合组成,只能定义为表的完整性约束。

【示例 3.6】 如果在订单详情表中不设置编号,则可以将表中"订单编号 + 商品编号"作为订单详情的唯一标识,在创建数据表 orderdetails 时,为 oid 和 gid 的组合设置 PRIMARY KEY 约束。完成语句如下所示。

```
CREATE TABLE orderdetails (
    oid          char (14)    not null,
    gid          char(6)      not null,
    odprice      float        not null,
    odnumber     int          not null,
    PRIMARY KEY(oid,gid)
);
```

语句执行后,便创建了一个名称为 orderdetails 的数据表,oid 和 gid 字段组合在一起成为 orderdetails 的多字段联合主键。

3.4.3 外键约束

外键约束标识表之间的关系,用于强制参照完整性,为表中一列或者多列数据提供参照完整性。外键约束也可以参照自身表中的其他列,这种参照称为自参照。

外键约束可以在下面情况下使用:

(1)作为表定义的一部分在创建表时创建。

(2)如果外键约束与另一个表(或同一个表)已有的外键约束或唯一约束相关联,则可向现有表添加外键约束。一个表可以有多个外键约束。

(3)对已有的外键约束进行修改或删除。例如,要使一个表的外键约束引用其他列。定义外键约束列的列宽不能更改。

下面就是一个使用外键约束的例子。例如,在管理顾客信息的时候,一个表用来存储顾客的信息,一个表用来存储订单的信息,并且订单表中的一列数值就是顾客信息表中的编号,用来表示是哪个顾客的订单,如图 3-2 所示。

两张表建立了"关系",顾客信息表是"主表",订单信息表是"子表"(有时也叫做"相关表")。

创建外键的基本语法格式如下:

```
[CONSTRAINT< 外键名 >] FOREIGN KEY 列名 1 [, 列名 2,…]
        REFERENCES < 主键表 > 主键列 1 [, 主键列 2,…]
```

顾客信息表

顾客编号	真实姓名	性别	地址	…
c0001	刘小和	男	广东广州市	
c0002	张嘉靖	男	广东广州市	
c0003	罗红红	女	广东珠海市	
c0004	李浩华	女	广东珠海市	

订单信息表

订单编号	顾客编号	订单日期	订单金额	…
201106051011	c0001	2011-6-5	106.0	
201106051022	c0002	2011-6-5	35.0	
201106051023	c0003	2011-6-5	200.0	
201108231012	c0004	2011-8-23	240.0	

图 3-2 引用完整性约束

"外键名"为定义的外键约束的名称,一个表中不能有相同名称的外键;"列名"表示子表需要添加外键约束的字段列;"主键表"即被子表外键所依赖的表的名称;"主键列"表示主表中定义的主键列,或者列组合。

【示例 3.7】 在创建订单表 orders 时,表中的 gid(商品编号)引用了商品表 goods 中的商品编号,需要建立 orders 表和 goods 表之间的关系。其中 gid 为关联列,goods 表为主键表,orders 表为外键表。完成语句如下所示。

```
CREATE TABLE orders (
  oid      char (14)    not null    PRIMARY KEY,
  cid      char(6)      not null,
  odate    datetime     not null,
  osum     float        not null,
  ostatus  char(1)      not null,
  FOREIGN KEY(cid) REFERENCES customers(cid)
)ENGINE=InnoDB;
```

说明:

(1)必须先创建好 customers 表。

(2)必须创建 customers 表中基于 cid 列的主键。

(3)只有 InnoDB 存储引擎才可以外键约束

3.4.4 唯一约束

唯一约束是 SQL 完整性约束类型中,除主键约束外的另一种可以定义唯一约束的类型。唯一性约束指定一个或多个列的组合的值具有唯一性,以防止在列中输入重复的值。唯一约束指定的列可以有 NULL 属性。主键也强制执行唯一性,但主键不允许为空值,故主键约束强度大于唯一约束。因此主键列不能再设定唯一性约束。

设置唯一性约束的基本语法如下:

字段名 数据类型 UNIQUE

【示例 3.8】 为了保证商品类别名称表 category 中的名称不重复,在创建数据表 category 时,为 caname 设置 UNIQUE 约束。

```
CREATE TABLE category (
    caid            char(2)         not null    PRIMARY KEY,
    caname          varchar(20)     not null,
    cadeleted       bit             not null,
    CONSTRAINT      un_caname       UNIQUE(caname)
);
```

其中，un_caname 是唯一约束的名称，执行上面的语句，就可以在类别表中为类别名称添加唯一约束，那么类别名称就不可以重复了。

3.4.5 默认值约束

默认值约束用来约束当数据表中某个字段不输入值时，自动为其添加一个已经设置好的值。例如：在注册用户信息时，如果不输入用户的性别，会默认设置一个性别或者输入一个"未知"。默认值是通过 DEFAULT 关键字来设置的。

设置默认值约束的基本语法如下：

字段名 数据类型 DEFAULT 默认值

【示例 3.9】 在创建商品类别表 category 时，为是否删除的标志 cadeleted 字段设置为默认值 "0"。

```
CREATE TABLE category
(
    caid            char(2)         not null    primary key,
    caname          varchar(20),
    cadeleted bit   DEFAULT 0
);
```

执行完以上语句后，表 category 上的字段 cadeleted 拥有了一个默认的值 "0"，新插入的记录如果没有指定该字段的值，则默认为 "0"。

3.4.6 非空约束

非空值约束限制一列或多个列的值不能为空（NULL）。空表示未定义或未知的值。在默认情况下，所有列都接受空值，若要某列不接受空值，则可以在该列上设置 NOT NULL 约束。NULL 值既不等价于数值型数据 0，也不等价于字符型数据中的空串，只是表明字段值是未知的。例如，由于顾客信息表 customers 中的 ctruename 字段不允许是未知的，因此可以在设计表时定义此字段不允许为 NULL 值。

非空约束的基本语法如下：

字段名 数据类型 NOT NULL

在前面创建表的语句中，已经多次使用了非空值约束，读者可自行练习。

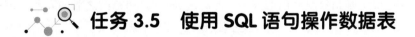

任务 3.5 使用 SQL 语句操作数据表

3.5.1 修改数据表

修改数据表指的是修改数据库中已经存在的数据表的结构。MySQL 使用 ALTER TABLE

语句修改表。例如，可以增加或删减列，修改字段名、修改字段的数据类型和修改表名等操作。

```
ALTER TABLE tb_name
    ADD [COLUMN] create_definition [FIRST|AFTER col_name]       //添加新字段
  | ADD INDEX [index_name] (index_col_name,…)                    //添加索引名称
  | ADD PRIMARY KEY (index_col_name,…)                           //添加主键名称
  | ADD UNIQUE [index_name] (index_col_name,…)                   //添加唯一索引
  | ALTER [COLUMN] col_name {SET DEFAULT literal|DROP DEFAULT}   //修改默认值
  | CHANGE [COLUMN] old_col_name create_definition               //修改字段名和类型
  | MODIFY [COLUMN] create_definition                            //修改字段类型
  | DROP [COLUMN] col_name                                       //删除字段名称
  | DROP PRIMARY KEY                                             //删除主键名称
  | DROP INDEX index_name                                        //删除索引名称
  | RENAME [AS] new_tb_name                                      //修改表名
  | table_options
```

参数说明如下：

（1）tb_name 指的是表名。

（2）col_name 指的是列名。

（3）create_definition 是指定义列的数据类型和属性。

【示例 3.10】 假设已经在数据库 bookshop 中创建了表 customers。要把字段 csex 的数据类型改为 INT 类型。

```
USE bookshop;
ALTER TABLE customers
    MODIFY csex INT not null;
```

ALTER TABLE 语句允许指定多个动作，其动作间使用逗号分隔，每个动作表示对表的一个修改。

【示例 3.11】 假设已经在数据库 bookshop 中创建了表 customers。添加一个新的字段 state，类型为 char(1)，不允许为空，将字段 caddress 列删除。

```
USE bookshop;
ALTER TABLE customers
    ADD state char(1) not null,
    DROP COLUMN caddress;
```

3.5.2　修改表名

表名可以在一个数据库中唯一的确定一张表。数据库系统通过表名来区分不同的表。除了上面的 ALTER TABLE 命令，还可以直接用 RENAME TABLE 语句来更改表名。其语法格式如下：

```
RENAME TABLE tb_name TO new_tb_nam;
```

其中，tb_name 是指修改之前的表名；new_tb_name 是指修改之后的表名。该语句可以同时对多个数据表进行重命名，多个表之间以逗号"，"分隔。

【示例 3.12】 将数据库 bookshop 中的 customers 表重命名为 customers2 表。

```
USE bookshop;
RENAME TABLE customers TO customers2 ;
```

3.5.3 删除数据表

删除数据表是指删除数据库中已存在的表。删除数据表时,会删除数据表中的所有数据。因此,在删除数据表时要特别注意。在 MySQL 中通过 DROP TABLE 语句来删除数据表。其语法格式如下:

```
DROP TABLE tb_name;
```

这个命令可删除表的描述、表的完整性约束、索引及和表相关的权限等。

【示例 3.13】 删除 bookshop 数据库中的 customers 数据表。

```
USE bookshop;
DROP TABLE customers;
```

因为不同的数据库中可以有相同的表名存在,所以在删除之后,要先选择数据库。

任务 3.6 管理数据表数据

在使用数据库之前,数据库中必须要有数据。数据库通过插入、更新和删除等方式来改变表中的记录。使用 INSERT 插入语句可以实现向表中插入新的记录。使用 UPDATE 更新语句可以实现改变表中已经存在的数据。使用 DELETE 删除语句可删除表中不再使用的数据。

3.6.1 插入记录

在实际应用中,注册用户名、添加商品等都是对数据表中的数据进行添加操作。在 MySQL 中使用 INSERT 语句向数据库表中插入新的数据记录。

1. 为表的所有字段插入数据

使用基本的 INSERT 语句插入数据要求指定表名称和插入到新记录中的值。基本语法格式如下:

```
INSERT INTO tb_name(col_list) VALUES (val_list);
```

或

```
INSERT INTO tb_name VALUES (val_list);
```

其中,tb_name 是指要插入数据的表名。col_list 是指要插入数据的字段的列表。如果想向表中所有的字段插入值就可以省略列名,省略列名后插入数据时就要按表中列的顺序插入值。val_list 是指要插入指定列的值列表。列的个数一定要与插入值的个数一致,并且数据类型也要兼容。

【示例 3.14】 向 bookshop 数据库的表 customers 插入如表 3-11 所示的数据。

表 3-11 插入的新数据

cid	ctruename	cpassword	csex	caddress	cmobile	cemail	cregisterdate
c0011	李平	123456	女	广东中山市	135××××9876	liping@163.com	2009-9-6

INSERT 语句的代码如下：

```
INSERT INTO customers(cid,ctruename,cpassword,csex,caddress,cmobile,cemail,
    cregisterdate)
VALUES('c0011','李平','123456','女','广东中山市','135××××9876','liping@163.com',
'2009-9-6');
```

如果用向表中所有字段插入数据，可以省略字段列，可以写成：

```
INSERT INTO customers
VALUES('c0011','李平','123456','女','广东中山市','135××××9876','liping@163.com',
'2009-9-6');
```

2. 为表的指定字段插入数据

INSERT 语句只是指定部分字段，这就可以为表中的部分字段插入数据了。基本语句格式如下：

```
INSERT INTO tb_name(col_name,col_name2...col_namen)
VALUES (value1,value2.. valuen) ;
```

其中，col_namen 参数表示表中的字段名称，此处必须列出表的所有字段名称；valuen 参数表示每个字段的值，每个值与相应的字段对应。

【示例 3.15】 新顾客信息录入，顾客信息地址 caddress 和电子邮箱 cemail 尚缺，只能将该顾客的部分信息（见表 3-12）添加到 customers 表中。

表 3-12 插入的新数据

cid	ctruename	cpassword	csex	cmobile	cregisterdate
c0012	张先明	123456	男	135×××2312	2009-10-6

执行如+下命令：

```
INSERT INTO customers (cid,ctruename,cpassword,csex,cmobile,cregisterdate)
VALUES('c0012','张先明','123456','男','135××××2312','2009-10-6');
```

3. 同时插入多条记录

INSERT 语句可以同时向数据表是插入多条记录，插入时指定多个值列表，每个值列表之间用逗号分隔开，基本语法格式如下：

```
INSERT INTO tb_name(col_list)
VALUES (val_list1),( val_list2),…(val_listn);
```

其中，val_list1、val_list2、…、val_listn 分别表示第 n 个插入记录的字段的值列表。

【示例 3.16】 多名顾客信息录入，顾客信息如表 3-13 所示，添加到 customers 表中。

表 3-13 插入的新数据

cid	ctruename	cpassword	csex	caddress	cmobile	cemail	cregisterDate
c0013	韩志国	123456	男		135×××4256	hanzg@163.com	2010-1-16
c0014	张小明	123456	男		136×××4256	zxm@163.com	2010-2-24

在 SQLQuery 窗口中执行如下命令：

```
USE bookshop;
INSERT INTO customers VALUES
    ('c0013','韩志国','123456','男 ',NULL,'135×××4256','hanzg@163.com', '2010-1-16'),
    ('c0014','张小明','123456','男 ',NULL,'136×××4256','zxm@163.com','2010-2-24');
```

3.6.2 修改记录

修改数据是更新表中已经存在的记录。例如用户要修改自己的密码或更新商品浏览量，这都需要对数据表中的数据进行修改。在 MySQL 中，通过 UPDATE 语句来修改数据。UPDATE 语句的基本语法格式如下：

```
UPDATE tb_name
SET col_name=value, col_name1=value1,…col_namen=valuen
[WHERE where_definition];
```

其中，SET 是对指定的字段进行修改。WHERE 条件语句是可选的，代表修改数据时的条件。如果不选择该语句，代表的是修改表中的全部数据。

1. 修改表中的全部数据

修改表中的全部数据是一种不太常用的操作。例如，当需要将全部用户的年龄加 1 岁时，就需要修改用户信息表的年龄字段了。

【示例 3.17】 修改商品信息表 goods 中的数据，将全部书籍的价钱九折出售。

```
UPDATE goods
SET gprice =gprice*0.9;
```

2. 根据条件修改表中的数据

根据条件修改表中的数据，要使 UPDATE…SET…WHERE…语句完成。

【示例 3.18】 修改商品信息表 goods 中的数据，将书籍存量小于 100 本的图书再增加 50 本。完成语句如下所示。

```
UPDATE goods
SET gnumber = gnumber +50
WHERE gnumber <=100;
```

使用 UPDATE 语句修改数据时，可能会有多条记录满足 WHERE 条件。要保证 WHERE 子句的正确性，一旦 WHERE 子句出错，将会破坏所有改变的数据。

3.6.3 删除记录

删除数据表中的不再使用的数据也是数据表必不可少的操作之一。例如：学生表中某个学生退学，要去掉订单中的商品或取消订单的操作都是对数据表里的数据进行删除操作。MySQL 中，通过 DELETE 语句删除数据。具体的语法格式如下：

```
DELETE FROM tb_name [WHERE <condition>];
```

其中，tb_name 指定要执行删除操作的表。[WHERE <condition>] 为可选参数，指定删除条件。如果没有 WHERE 子句，DELETE 语句将删除表中的所有记录。

1. 根据条件删除表中的数据

大多数对数据表的删除操作都是有条件的删除操作，比如，网上书城下架的商品或者是删除一段时间没有使用过的账号等操作。根据条件删除数据表中的数据使用的是 DELETE FROM…WHERE 语句来完成。

【示例 3.19】 商品编号为"010001"的商品已售完，并且以后不考虑再进货，需要在商品信息表中清除该商品的信息。完成语句如下所示。

```
DELETE
FROM goods
WHERE gid='010001';
```

2. 删除表中的全部数据

删除表中的全部数据是很简单的操作，但也是一个危险的操作。一旦删除了所有记录，就无法恢复了。因此，在删除操作之前一定要对现有的数据进行备份，以避免不必要的麻烦。

【示例 3.20】 删除商品信息表中的所有信息。完成语句如下所示。

```
DELETE FROM goods;
```

使用 TRUNCATE TABLE 语句将删除指定表中的所有数据，因此又称清除表数据语句。与 DELETE FROM 语句不同的是，使用 TRUNCATE TABLE 方式删除数据，不会返回删除数据行数，且 TRUNCATE TABLE 比 DELETE 速度快，使用的系统和事务日志资源少。语法格式如下：

```
TRUNCATE TABLE tb_name;
```

由于 TRUNCATE TABLE 语句将删除表中的所有数据，且无法恢复，因此使用必须十分谨慎。对于参与了索引和视图的表，不能使用 TRUNCATE TABLE 语句删除数据，而应使用 DELETE 语句。

项目实训 3　数据库和表的管理

一、实训目的

1. 掌握创建数据库的方法。
2. 掌握创建、修改和删除数据表的方法。
3. 掌握增加、修改和删除数据的方法。

二、实训内容

1. 创建数据库 library。

2. 在数据库 library 中分别创建图书类别表（booktype）、图书信息表（book）、图书存储信息表（bookstorage）、读者类别表（readertype）、读者信息表（reader）和图书借阅表（bookborrow），其结构如表 3-14~ 表 3-19 所示。

3. 分别使用 SQL 语句修改表结构。

（1）将读者表 reader 中的"读者编号（readerid）"列长度从 10 个字符改为 12 个字符。

（2）在图书借阅表 bookborrow 中最后加一列"罚金（fine）"，其数据类型为 double 类型。

4. 向上述表中插入数据，数据如表 3-20~ 表 3-25 所示。

5. 修改记录。

（1）修改一条记录。在图书类别表 booktype 中修改编号为"9"的记录，把类别名称修改为"室内装修设计"。

（2）修改多条记录。在图书信息表 book 中，把类别为"3"图书的价格全部增加 10 元。

6. 删除记录。

（1）删除一条记录。在图书借阅表 bookborrow 中删除读者编号为"0016"的记录。

（2）删除多条记录。在图书信息表 book 中删除出版社"机械工业出版社"的记录。

表 3-14　图书类别表（booktype）

序号	属性名称	含义	数据类型	为空性	约束
1	typeid	类别编号	int	not null	主键
2	typename	类别名称	varchar(20)	null	

表 3-15　图书信息表（book）

序号	属性名称	含义	数据类型	为空性	约束
1	bookid	图书编号	char(10)	not null	主键
2	bookname	图书名称	varchar(20)	not null	
3	typeid	类别编号	int	null	外键
4	bookauthor	图书作者	varchar(20)	null	
5	bookpublisher	出版社	varchar(50)	null	
6	bookprice	图书价格	double	null	
7	borrowsum	借阅次数	int	null	

表 3-16　图书存储信息表（bookstorage）

序号	属性名称	含义	数据类型	为空性	约束
1	bookbarcode	图书条码	char(20)	not null	主键
2	bookid	图书编号	char(10)	not null	外键
3	bookintime	图书入馆时间	datetime	null	
4	bookstatus	图书状态	varchar(4)	null	

表 3-17 读者类别表（readertype）

序号	属性名称	含义	数据类型	为空性	约束
1	retypeid	类别编号	int	not null	主键
2	typename	类别名称	varchar(20)	not null	
3	borrowquantity	可借数量	int	not null	
4	borrowday	可借天数	int	null	

表 3-18 读者信息表（reader）

序号	属性名称	含义	数据类型	为空性	约束
1	readerid	读者编号	char(10)	not null	主键
2	readername	读者姓名	varchar(20)	not null	
3	readerpass	读者密码	varchar(20)	not null	
4	retypeid	类别编号	int	null	外键
5	readerdate	发证日期	datetime	null	
6	readerstatus	借书证状态	varchar(4)	null	

表 3-19 图书借阅表（bookborrow）

序号	属性名称	含义	数据类型	为空性	约束
1	borrowid	借阅号	char(10)	not null	主键
2	bookbarcode	图书条码	char(20)	not null	外键
3	readerid	读者编号	char(10)	not null	外键
4	borrowtime	借书日期	datetime	null	
5	returntime	还书日期	datetime	null	
6	borrowstatus	借阅状态	varchar(4)	null	

表 3-20 图书类别表（booktype）数据

	typeid	typename
1		自然科学
2		数学
3		计算机
4		建筑水利
5		旅游地理
6		励志/自我实现
7		工业技术
8		基础医学
9		室内设计
10		人文景观

表 3-21 图书信息表（book）数据

bookid	bookname	typeid	bookauthor	bookpublisher	bookprice	borrowsum
TP39/1712	JAVA 程序设计	3	陈永红	机械工业出版社	35.5	30
013452	离散数学	2	张小新	机械工业出版社	45.5	10
TP/3452	JSP 程序设计案例	3	刘城清	电子工业出版社	42.8	8
TH/2345	机械设计手册	7	黄明凡	人民邮电出版社	40	10
R/345677	中医的故事	8	李奇德	国防工业出版社	20.0	5

表 3-22 图书存储信息表（bookstorage）数据

bookbarcode	bookid	bookintime	bookstatus
132782	TP39/1712	2009-8-10	在馆
132789	TP39/1712	2009-8-10	借出
145234	013452	2008-12-6	借出
145321	TP/3452	2007-11-4	借出
156833	TH/2345	2009-12-4	借出
345214	R/345677	2008-11-3	在馆

表 3-23 读者类别表（readertype）数据

retypeid	typename	borrowquantity	borrowday
1	学生	10	30
2	教师	20	60
3	管理员	15	30
4	职工	15	20

表 3-24 读者信息表（reader）数据

readerid	readername	readerpass	retypeid	readerdate	readerstatus
0016	苏小东	123456	1	1999-8-9	有效
0017	张明	123456	1	2010-9-10	有效
0018	梁君红	123456	1	2010-9-10	有效
0021	赵清远	123456	2	2010-7-1	有效
0034	李瑞清	123456	3	2009-8-3	有效
0042	张明月	123456	4	1997-4-23	有效

表 3-25　图书借阅表（bookborrow）数据

borrowid	bookbarcode	readerid	borrowtime	returntime	borrowstatus
001432	132782	0016	2011-3-4	2011-4-5	已还
001328	132789	0017	2011-1-24	2011-2-28	已还
001356	145234	0018	2011-2-12	2011-2-27	已还
001435	145321	0021	2011-8-9	2011-9-2	已还
001578	156833	0034	2011-10-1	2011-11-1	未还
001679	345214	0042	2011-2-21	2011-3-5	未还

三、实训小结

本项目主要介绍了 MySQL 数据库中的各种操作，如创建表、添加各类约束、查看表结构，以及修改删除表和添加数据。读者必须掌握这些操作，为以后的学习打下坚实的基础。

课后习题

一、填空题

1. 若表中的一个字段定义类型为 char，长度为 20，当在此字段中输入字符串"计算机网络"时，此字段将占用 _____ 字节。

2. decimal(10,5) 表示数值中共有 _____ 位整数，_____ 位小数。

3. 在 UDPATE 语句中，使用 FROM 子句的作用是 _____。

4. 删除表中所有记录，可以使用 _____ 语句和 _____ 语句。

二、选择题

1. 创建数据库命令的语法格式是（　　）。

    A. CREATE DATABASE tb_name;

    B. SHOW DATABASES;

    C. USE DATABASE;

    D. DROP DATABASE tb_name;

2. 设电话号码位数不超过 15 位，采用（　　）格式的数据类型存储最合适。

    A. char(15)　　　B. varchar(15)　　　C. int　　　D. decimal(15,0)

3. 删除数据库使用的 SQL 语句是（　　）。

    A. CREATE DATABASE　　　　　　B. ALTER DATABASE

    C. DROP DATABASE　　　　　　　D. DELETE DATABASE

4. 下列 SQL 语句中，修改表结构的是（　　）。
   A. ALTER TABLE　　　　　　　　B. CREATE TABLE
   C. UPDATE TABLE　　　　　　　 D. INSERT TABLE
5. 对于下面的 SQL 语句，其作用是（　　）。

```
UPDATE book SET price=price*1.05
WHERE publicername='中国人民大学出版社'
AND price < (SELECT AVG(price) );
```

   A. 为书价低于中国人民大学出版社且书价低于所有图书平均价格的书加价 5%
   B. 为书价低于所有图书平均价格的书加价 5%
   C. 为中国人民大学出版社出版的且书价低于所有图书平均价格的书加价 5%
   D. 为中国人民大学出版社出版的且书价低于出版社图书平均价格的书加价 5%

三、操作题

1. 为学生选课管理系统创建名为 stucourse 的数据库。
2. 为学生选课管理系统数据库（stucourse）创建表，表结构如下，字段名参考表 3-26~表 3-30。
   （1）创建学生表，学生 student（<u>学号</u>，姓名，性别，年龄，系别）。
   （2）创建教师表，教师 teacher（<u>教师编号</u>，姓名，职称，工资，系别，课程号）。
   （3）创建课程表，课程 courseinfo（<u>课程编号</u>，课程名称，教材编号，测试时间，系别）。
   （4）创建选课表，选课 scourse（<u>学号</u>，分数，课程编号，教师编号）。
   （5）创建教材表，教材 bookinfo（<u>教材编号</u>，教材名称，出版社，价格，数量）
3. 向上述表中插入数据，数据如表 3-26~表 3-30 所示。
4. 在教师表 student 中，将所有学生年龄增加 1 岁。
5. 在教师表 teacher 中，将教师"黄小明"的称职由"初级"改为"中级"。
6. 在教师表 teacher 中，删除张小红教师的记录。
7. 在教材表 bookinfo 中，删除"邮电出版社"的图书

表 3-26　学生表 student 数据

sid	sname	sex	age	dept
1001	宋江	男	25	计算机系
3002	张明	男	23	生物系
1003	李小鹏	男	26	计算机系
1004	郑冬	女	25	计算机系
4005	李小红	女	27	工商管理
5006	赵紫月	女	24	外语系

表 3-27　教师表 teacher 数据

tid	tname	title	salary	dept	cid
3102	李明	初级	2500	计算机系	C1
3108	黄小明	初级	4000	生物系	C3
4105	张小红	中级	3500	工商管理	C2
5102	宋力月	高级	3500	物理系	C4
3106	赵明阳	初级	1500	地理系	C2
7108	张丽	高级	3500	生物系	C3
9103	王彬	高级	3500	计算机系	C1
7101	王力号	初级	1800	生物系	C1

表 3-28　课程表 courseinfo 数据

cid	cname	cbook	ctest	dept
C1	计算机基础	b1231	2009-4-6	计算机系
C2	工商管理基础	b1232	2009-7-16	工商管理
C3	生物科学	b1233	2010-3-6	生物系
C4	大学物理	b1234	2009-4-26	物理系
C5	数据库原理	b1235	2010-2-6	计算机系

表 3-29　选课表 scourse 数据

sid	score	cid	tid
1001	87	C1	3102
1001	77	C2	4105
1001	63	C3	3108
1001	56	C4	5102
3002	78	C3	3108
3002	78	C4	5102
1003	89	C1	9103
1004	56	C2	3106
4005	87	C4	5102
5006'	null	C1	7101

表 3-30 教材表 bookinfo 数据

bid	bname	bpublish	bprice	quantity
b1231	Image Processing	人民出版社	34.56	8
b1232	Signal Processing	清华大学出版社	51.75	10
b1233	Digital Signal Processing	人民邮电出版社	48.5	11
b1234	The Logic Circuit	北京大学出版社	49.2	40
b1235	SQL Techniques	邮电出版社	65.4	20

项目 4

网上书城数据库的查询

学习目标

● 知识目标

1. 掌握单表查询的语法。
2. 掌握聚合函数的使用方法。
3. 掌握 LIMIT 子句的使用方法。
4. 掌握多表连接查询的语法。
5. 掌握子查询的语法。
6. 掌握 MySQL 数据库运算符的使用方法。
7. 了解 MySQL 数据库系统内置函数。

● 能力目标

1. 具备使用 SELECT 语句进行条件查询和排序的基本能力。
2. 具备在查询中使用内置函数的能力。
3. 能够实现使用 LIKE、BETWEEN、IN 进行模糊查询的能力。
4. 具备多表查询与子查询的能力。

● 素质目标

1. 鼓励学生意识到自己的创新意识、创新精神，但做事缺乏严谨和追求卓越的工匠精神不足的现状，并提出软件开发的学生需求具备勇于尝试和精益求精的工匠精神。
2. 基于数据进行决策的科学精神的工匠精神作为课程思政教学主线，在完成学生任务的过程中培养学生"发现、分析、解决问题"的能力，培育学生终身受益的优良品格和追求卓越的职业精神，将立德树人落到实处。

● 素质园地

1. 引导学生分析软件开发需要哪些软技能，在学习过程中，如何实现与提升这些软技能。
2. 依据科学的功能需求，对数据分析的结果进行决策，追求精益求精的职业精神，将立德树人落到实处。

项目 4 网上书城数据库的查询

📖 项目简介

数据库查询是从指定的表中提取满足条件的记录,然后按照想要得到的输出类型定向输出查询结果,通过查询可以向用户提供所需要的信息。数据库的查询,是通过 SELECT 语句实现的,即通过 SELECT 语句不仅可以完成简单的单表查询,也可以完成复杂的多表之间的连接查询和嵌套查询。数据库查询是程序设计使用得最频繁的功能,本项目将介绍数据库查询的各种操作。项目 4 知识要点如图 4-1 所示。

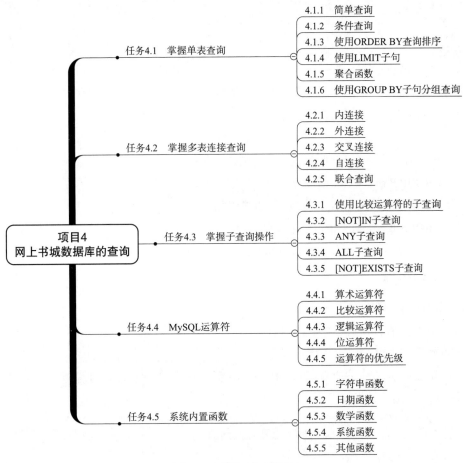

图 4-1　项目 4 知识要点

⚙️ 单词学习

1. Select 选择
2. Group 分组
3. Order 排序
4. Like 相似
5. Distinct 不同的
6. limit 限制
7. Between 两者之间
8. Join 连接
9. Exists 存在
10. Union 联合
11. Count 计数
12. SUM 求和

任务 4.1 掌握单表查询

查询是针对表中已存在的数据进行"筛选",把符合条件的行组织起来,形成另外一个类似表的结构,这便是查询的结果。因此,查询并不会改变数据库中的数据,它只是检索数据。

查询使用 SELECT 语句,SELECT 语句的完整语法较复杂,但其主要子句可归纳如下:

```
SELECT [ALL | DISTINCT ] select_list
FROM tb_name
[WHERE <search_condition>]
[GROUP BY <group_by_expression>]
[HAVING <search_condition>]
[ORDER BY <order_expression> [ASC| DESC]
[LIMIT [<offset>,] <row count> ]
```

必需的子句只有 SELECT 和 FROM 子句,其他的子句都是可选的。各子句具体含义如下:

(1) SELECT 子句:指定由查询返回的列。

(2) FROM 子句:指定引用的列所在的表或视图。

(3) WHERE 子句:指定限制返回的行的搜索条件。

(4) GROUP BY 子句:指定分组的列。

(5) HAVING 子句:指定分组或聚合的搜索条件。

(6) ORDER BY 子句:指定结果集的排序。

(7) LIMIT 子句:该子句显示查询出来的数据条数。

4.1.1 简单查询

1. 查询所有的数据行和列

【示例 4.1】查询所有书籍的详细信息。

```
SELECT * FROM goods;
```

该语句把 goods 表中的所有行和列都列举出来,是最简单的一种查询,需要用通配符"*"表示所有的列。运行结果如下所示。

gid	gname	gtypeid	gwriter	gpublisher	gISBN	gprice	gnumber
070001	算法导论	07	科曼	机械工业出版社	9787111187712	85	250
050003	走进软件世界	05	刘一明	科学出版社	9787030189609	30	100
060001	自动控制原理	06	胡寿松	科学出版社	9787030189654	52	150
050002	软件架构设计	05	张海藩	清华大学出版社	9787302164748	40	200
050001	软件工程导论	05	张海藩	清华大学出版社	9787302164745	35	300
040001	游园惊梦	04	夏达明	湖南少儿出版社	9787535838823	24	250
030003	西藏行	03	毛毛	湖南教育出版社	9787224240342	50	100
030002	欧洲日记	03	张明	湖南教育出版社	9787224240341	60	200
020001	现代遗传学	02	赵寿元	高等教育出版社	9787040239737	36	100
030001	野外求生宝典	03	槙原玲	南海出版社	9787544240345	28	150
010001	高分子物理	01	何曼君	复旦大学出版社	9787309054145	35	200

11 rows in set (0.00 sec)

2. 查询部分列

【示例 4.2】查询所有书籍的书籍名称和价格。

```
SELECT gname, gprice
FROM goods;
```

该语句把 goods 表中的 gname（书籍名称）、gprice（书籍价格）列举出来。运行结果如下所示。

```
+------------------+--------+
| gname            | gprice |
+------------------+--------+
| 算法导论         |     85 |
| 走进软件世界     |     30 |
| 自动控制原理     |     52 |
| 软件架构设计     |     40 |
| 软件工程导论     |     35 |
| 游园惊梦         |     24 |
| 西藏行           |     50 |
| 欧洲日记         |     60 |
| 现代遗传学       |     36 |
| 野外求生宝典     |     28 |
| 高分子物理       |     35 |
+------------------+--------+
11 rows in set (0.00 sec)
```

提示：用户在查询时可以改变查询列的顺序，但不改变表中原始列的顺序。

3. 查询计算列

【示例 4.3】 查询 shopcar 中每个购物车的书籍名称、书籍数量、单价和总金额。

```
SELECT gname,gprice,gnumber,gprice * gnumber
  FROM shopcar;
```

gprice * gnumber 是一个计算列，计算列可以是算术表达式，也可以是字符串常量和函数。运行结果如下所示。

```
+------------------+--------+---------+------------------+
| gname            | gprice | gnumber | gprice * gnumber |
+------------------+--------+---------+------------------+
| 游园惊梦         |     24 |       8 |              192 |
| 野外求生宝典     |     28 |       1 |               28 |
| 高分子物理       |     35 |       3 |              105 |
| 高分子物理       |     35 |       2 |               70 |
| 自动控制原理     |     52 |       2 |              104 |
+------------------+--------+---------+------------------+
5 rows in set (0.00 sec)
```

4. 使用别名

【示例 4.4】 查询 shopcar 中每个购物车的书籍名称、书籍数量、单价和总金额，并用别名命名列。

```
SELECT gname AS 书籍名, gprice AS 单价, gnumber AS 数量, gprice *gnumber AS 总金额
  FROM shopcar;
```

AS 子句可以用来改变结果集列的名称，也可以为组合或者计算出的列指定名称；使用别名使标题列的信息更易懂，例如 gname 列名查询后显示为"书籍名"。运行结果如下所示。

```
+------------------+------+------+--------+
| 书籍名           | 单价 | 数量 | 总金额 |
+------------------+------+------+--------+
| 游园惊梦         |   24 |    8 |    192 |
| 野外求生宝典     |   28 |    1 |     28 |
| 高分子物理       |   35 |    3 |    105 |
| 高分子物理       |   35 |    2 |     70 |
| 自动控制原理     |   52 |    2 |    104 |
+------------------+------+------+--------+
5 rows in set (0.00 sec)
```

有两种方法指定别名：

（1）通过"列名 AS 列标题"形式。

（2）通过"列名 列标题"形式。

因此，以上示例还可以用以下语句实现：

```
SELECT  gname 书籍名，  gprice 单价，  gnumber 数量，  gprice*gnumber 总金额
FROM  shopcar;
```

5. 消除重复行

【示例 4.5】 查询下了订单的会员编号，如果会员下了多个订单，只显示一次。

```
SELECT DISTINCT cid
FROM orders;
```

在 orders 表中可以知道，编号为"c0006"的顾客下了两个订单，如果不用 DISTINCT 关键字，则"c0006"将会出现两次；反之，则出现一次。因此，关键字 DISTINCT 可以消除重复的行。运行结果如下所示。

```
+-------+
| cid   |
+-------+
| c0006 |
| c0005 |
| c0004 |
| c0003 |
| c0002 |
| c0001 |
+-------+
6 rows in set (0.00 sec)
```

4.1.2 条件查询

1. 按简单条件查询

【示例 4.6】 查询书籍价格大于 35 元的书籍名称和价格。

```
SELECT  gname,gprice
FROM  goods
WHERE  gprice>35;
```

该语句把 goods 表中价格大于 35 元的书籍名称和价格全部列举出来。运行结果如下所示

```
+--------------+--------+
| gname        | gprice |
+--------------+--------+
| 算法导论     |     85 |
| 自动控制原理 |     52 |
| 软件架构设计 |     40 |
| 西藏行       |     50 |
| 欧洲日记     |     60 |
| 现代遗传学   |     36 |
+--------------+--------+
6 rows in set (0.00 sec)
```

2. 复合条件查询

【示例 4.7】 查询书籍类别为"03"，出版社为"湖南教育出版社"的书籍名称和价格。

```
SELECT gname,gprice
FROM goods
WHERE gtypeid='03' AND gpublisher='湖南教育出版社';
```

因为查询要同时满足两个条件,所以两个条件中间要用 AND 连接。运行结果如下所示。

```
+----------+--------+
| gname    | gprice |
+----------+--------+
| 西藏行   |   50   |
| 欧洲日记 |   60   |
+----------+--------+
2 rows in set (0.00 sec)
```

如果查询条件只需要满足其中之一即可,则查询条件中间用 OR 连接。使用 AND 和 OR 可以连接多个查询条件。

3. 指定范围查询

【示例 4.8】 查询书籍价格在 30 元到 80 元的书籍名称和价格。

```
SELECT gname,gprice
FROM goods
WHERE gprice BETWEEN 30 AND 80;
```

使用 BETWEEN 关键字可以查找那些介于两个已知值之间的未知值。"BETWEEN 30 AND 80"包含了 30 和 80,相当于"gprice>=30 AND gprice<=80"。查询结果如下所示。

```
+----------------+--------+
| gname          | gprice |
+----------------+--------+
| 走进软件世界   |   30   |
| 自动控制原理   |   52   |
| 软件架构设计   |   40   |
| 软件工程导论   |   35   |
| 西藏行         |   50   |
| 欧洲日记       |   60   |
| 现代遗传学     |   36   |
| 高分子物理     |   35   |
+----------------+--------+
8 rows in set (0.00 sec)
```

如果价格不包含 30 和 80,则要用表达式表示:

```
SELECT gname, gprice
FROM goods
WHERE gprice>30 AND gprice<80;
```

提示:"NOT BETWEEN"表示不在某个范围之间。

4. 指定集合查询

【示例4.9】 查询出版社是"湖南教育出版社"或"湖南少儿出版社"的书籍名称和出版社。

```
SELECT gname,gpublisher
FROM goods
WHERE gpublisher IN('湖南教育出版社','湖南少儿出版社');
```

查询的值是指定的某些值之一,可以使用带列举值的 IN 关键字来进行查询。

"gpublisher IN('湖南教育出版社','湖南少儿出版社')"相当于 OR 运算,本示例可改写为:

```
SELECT gname,gpublisher
FROM goods
WHERE gpublisher='湖南教育出版社' OR gpublisher ='湖南少儿出版社';
```

查询结果如下所示。

```
+--------------+-----------------------+
| gname        | gpublisher            |
+--------------+-----------------------+
| 游园惊梦     | 湖南少儿出版社        |
| 西藏行       | 湖南教育出版社        |
| 欧洲日记     | 湖南教育出版社        |
+--------------+-----------------------+
3 rows in set (0.00 sec)
```

提示:"NOT IN"可以得到所有不匹配列举值的行。

5. 查询值为空的行

【示例4.10】 查询顾客表customers中没有填写cemail的顾客信息。

```
SELECT *
FROM customers
WHERE cemail IS NULL;
```

在SQL中采用"IS NULL"或"IS NOT NULL"来判断查询值是否为空。运行结果如下所示。

```
+-------+-----------+-----------+------+-------------+------------+-------+---------------------+
| cid   | ctruename | cpassword | csex | caddress    | cmobile    | cemail| cregisterDate       |
+-------+-----------+-----------+------+-------------+------------+-------+---------------------+
| c0003 | 罗红红    | 123456    | 女   | 广东珠海市  | 135×××6472 | NULL  | 2008-11-24 00:00:00 |
+-------+-----------+-----------+------+-------------+------------+-------+---------------------+
1 row in set (0.00 sec)
```

6. 模糊查询

关键字LIKE用来进行字符串的匹配,和通配符(见表4-1)一起使用完成特殊条件的查询。

表4-1 通配符

通配符	含义	示例
_	一个字符	gwriter LIKE '胡_'
%	任意长度的字符串	gwriter LIKE '胡%'

【示例4.11】 查询书籍表中书籍名称包含"软件"的所有书籍名称。

```
SELECT gname
FROM goods
WHERE gname LIKE '%软件%';
```

因为查询条件是包含"软件"二字,因此必须在"软件"两边加上"%"作为查询条件。运行结果如下所示。

4.1.3 使用ORDER BY查询排序

如果需要按照一定的顺序排列查询结果,则需要使用ORDER BY子句,排列顺序可以是升序（ASC）或降序（DESC），默认按升序排列。

【示例4.12】 查询书籍表中书籍名称和书籍价格并按价格从高到低排列。

```
SELECT gname,gprice
FROM goods
ORDER BY gprice DESC;
```

运行结果如下所示。

```
+------------------+--------+
| gname            | gprice |
+------------------+--------+
| 算法导论         | 85     |
| 欧洲日记         | 60     |
| 自动控制原理     | 52     |
| 西藏行           | 50     |
| 软件架构设计     | 40     |
| 现代遗传学       | 36     |
| 高分子物理       | 35     |
| 软件工程导论     | 35     |
| 走进软件世界     | 30     |
| 野外求生宝典     | 28     |
| 游园惊梦         | 24     |
+------------------+--------+
11 rows in set (0.00 sec)
```

还可以按照多个字段进行排序，ORDER BY 子句后列举排序的多个字段，中间用逗号分隔。

【示例4.13】 查询书籍表中价格在 30 元以上的书籍类别、书籍名称和书籍价格，要求按类别升序排列，如果类别相同，再按价格降序排列。

```
SELECT gtypeid,gname,gprice
FROM goods
WHERE gprice>30
ORDER BY gtypeid,gprice DESC;
```

运行结果如下所示。

```
+---------+------------------+--------+
| gtypeid | gname            | gprice |
+---------+------------------+--------+
| 01      | 高分子物理       | 35     |
| 02      | 现代遗传学       | 36     |
| 03      | 欧洲日记         | 60     |
| 03      | 西藏行           | 50     |
| 05      | 软件架构设计     | 40     |
| 05      | 软件工程导论     | 35     |
| 06      | 自动控制原理     | 52     |
| 07      | 算法导论         | 85     |
+---------+------------------+--------+
8 rows in set (0.00 sec)
```

提示：排序遵循以下规则。

（1）如果排序的列中有空值（NULL），则空值最小。

（2）中英文字符按照 ASCII 码大小进行比较。

（3）数值型数据根据其数值大小进行比较。

（4）日期型数据按年、月、日的数值大小进行比较。

（5）逻辑型数据 false 小于 true。

4.1.4 使用 LIMIT 子句

查询数据时,可能会查询出很多记录。而用户需要的记录可能只是很少的一部分。这时需要限制查询结果的数量。LIMIT 是 MySQL 中一个特殊关键字。其可以用来指定查询结果从哪条记录开始显示,还可以指定一共显示多少条记录。LIMIT 的语法格式如下:

```
LIMIT {[offset,] row_count | row_count OFFSET offset}
```

其中,offset 和 row_count 都必须是非负的整数常数,offset 指返回的第一行的偏移量,row_count 是返回的行数。例如 4,6 则表示第 5 行开始返回 6 行。值得注意的是初始行的偏移量为 0 而不是 1。

【示例 4.14】 查找商品表中最靠前的 3 种书籍的书名和价格。

```
SELECT gname AS 书名, gprice AS 价格
FROM goods
ORDER BY gprice
LIMIT 3;
```

执行代码得到如下所示的结果。

```
+--------------+--------+
| 书名         | 价格   |
+--------------+--------+
| 游园惊梦     | 24     |
| 野外求生宝典 | 28     |
| 走进软件世界 | 30     |
+--------------+--------+
3 rows in set (0.00 sec)
```

【示例 4.15】 查找商品表中从第 3 条记录开始的 3 条记录的名称和价格。

```
SELECT  gname AS 书名, gprice AS 价格
FROM  goods
ORDER BY gprice
LIMIT 2,3;
```

执行代码得到如下所示的结果。

```
+--------------+--------+
| 书名         | 价格   |
+--------------+--------+
| 走进软件世界 | 30     |
| 高分子物理   | 35     |
| 软件工程导论 | 35     |
+--------------+--------+
3 rows in set (0.00 sec)
```

4.1.5 聚合函数

在访问数据库时,经常需要对表中的某些数据进行统计分析,如求最大值、最小值、平均值等,MySQL 提供了一些聚合函数,快速实现数据的统计分析。聚合函数对一组值执行计算,并返回单个值。除了 COUNT 以外,聚合函数都会忽略空值。聚合函数经常与 SELECT 语句的 GROUP BY 子句一起使用。

【示例 4.16】 查询书籍表 goods 中的书籍的数量，书籍价格的最大值、最小值和平均值。

```
SELECT COUNT(*) AS 书籍总数, MAX(gprice) AS 最高价格,
MIN(gprice)AS 最低价格, AVG(gprice) AS 平均价格
FROM goods;
```

本示例中，通过聚合函数 COUNT 求书籍总数，通过聚合函数 MAX、MIN 和 AVG 分别求最大值、最小值和平均值。运行结果如下所示。

```
+----------+----------+----------+----------+
| 书籍总数 | 最高价格 | 最低价格 | 平均价格 |
+----------+----------+----------+----------+
|       11 |       85 |       24 |       43 |
+----------+----------+----------+----------+
1 row in set (0.00 sec)
```

提示：COUNT 函数有两种使用形式。

（1）COUNT（*）。计算表中行的总数，即使表中行的数据为 NULL，也被计入其中。

（2）COUNT（column）。计算 column 列包含的行的数目，如果该列某行数据为 NULL，则该行不计入统计总数。

部分常用聚合函数及其说明如表 4-2 所示。

表 4-2 部分常用的聚合函数

函数名称	说明
SUM	返回选取结果集中所有值的总和
COUNT	返回选取结果集中所有记录行的数目
MAX	返回选取结果集中所有值的最大值
MIN	返回选取结果集中所有值的最小值
AVG	返回选取结果集中所有值的平均值

4.1.6 使用 GROUP BY 子句分组查询

大多数情况下，使用聚合函数返回的是所有行数据的统计结果。如果需要按某一列数据的值进行分类，在分类的基础上再进行查询，就要使用 GROUP BY 子句进行分组查询。

1. 简单分组

【示例 4.17】 对书籍表中的书籍按照书籍类别分类，统计各类书籍的数量和均价。

```
SELECT gtypeid,COUNT(*)AS 书籍数,AVG(gprice)AS 平均价格
FROM goods
GROUP BY gtypeid;
```

运行结果如下所示。

```
+---------+--------+----------+
| gtypeid | 书籍数 | 平均价格 |
+---------+--------+----------+
| 01      |      1 |       35 |
| 02      |      1 |       36 |
| 03      |      3 |       46 |
| 04      |      1 |       24 |
| 05      |      3 |       35 |
| 06      |      1 |       52 |
| 07      |      1 |       85 |
+---------+--------+----------+
7 rows in set (0.00 sec)
```

2. 筛选分组结果

如果分组后还需要筛选满足条件的行,则需要用 HAVING 子句指定筛选条件。

【示例 4.18】 对书籍表中的书籍按照书籍类别进行统计,查找书籍类别为"05"的书籍数量和均价。

```
SELECT gtypeid,COUNT(*) AS 书籍数,AVG(gprice) AS 平均价格
FROM goods
GROUP BY gtypeid
HAVING gtypeid='05';
```

在本示例中,对书籍类型分组查询后,再按条件对其进行筛选。运行结果如下所示。

```
+--------+--------+----------+
| gtypeid | 书籍数 | 平均价格 |
+--------+--------+----------+
| 05      |      3 |       35 |
+--------+--------+----------+
1 row in set (0.00 sec)
```

WHERE 子句也可以对结果进行筛选,因此,上述代码可以改写为:

```
SELECT gtypeid,COUNT(*) AS 书籍数,AVG(gprice) AS 平均价格
FROM goods
WHERE gtypeid='05'
GROUP BY gtypeid;
```

运行结果如下所示。

```
+--------+--------+----------+
| gtypeid | 书籍数 | 平均价格 |
+--------+--------+----------+
| 05      |      3 |       35 |
+--------+--------+----------+
1 row in set (0.00 sec)
```

提示:要正确理解 HAVING 和 WHERE 子句在 GROUP BY 中的联系和区别。

(1) HAVING 子句和 WHERE 子句都是设置条件。

(2) HAVING 子句是为 GROUP BY 子句设置条件,而 WHERE 子句是为 FROM 子句设置条件。

(3) WHERE 搜索条件在分组操作之前应用,而 HAVING 搜索条件在分组操作之后应用。

(4) HAVING 子句中可以使用聚合函数,而 WHERE 子句则不可以。

因此,下面的查询语句中,HAVING 子句就不可以用 WHERE 子句取代。

```
SELECT gtypeid, COUNT(*) AS 书籍数, AVG(gprice) AS 平均价格
FROM goods
GROUP BY gtypeid
HAVING AVG (gprice)>30;
```

运行结果如下所示。

```
+--------+--------+----------+
| gtypeid | 书籍数 | 平均价格 |
+--------+--------+----------+
| 01      |      1 |       35 |
| 02      |      1 |       36 |
| 03      |      3 |       46 |
| 05      |      3 |       35 |
| 06      |      1 |       52 |
| 07      |      1 |       85 |
+--------+--------+----------+
6 rows in set (0.00 sec)
```

因为筛选条件"AVG(gprice)>30"中包含了聚合函数。如果写成以下语句,将会出现如下所示的错误。

```
SELECT gtypeid, COUNT(*) AS 书籍数, AVG(gprice) AS 平均价格
FROM goods
GROUP BY gtypeid
WHERE AVG(gprice)>30;
```

运行结果如下所示。

```
mysql> SELECT gtypeid, COUNT(*) AS 书籍数, AVG(gprice) AS 平均价格
    -> FROM goods
    -> GROUP BY gtypeid
    -> WHERE AVG(gprice)>30;
ERROR 1064 (42000): You have an error in your SQL syntax; check the manual that correspo
nds to your MySQL server version for the right syntax to use near 'WHERE AVG(gprice)>30'
 at line 4
```

HAVING 和 WHERE 子句也可以在同一个 SELECT 语句中一起使用,使用的顺序如图 4-2 所示。

图 4-2 三者顺序

【示例 4.19】 对书籍表中的书籍按照书籍类别分类统计,查找书籍类别小于"06",平均价格大于 30 元的书籍的数量和均价。

```
SELECT gtypeid,COUNT(*) AS 书籍数,AVG(gprice) AS 平均价格
FROM goods
WHERE gtypeid<'06'
GROUP BY gtypeid
HAVING AVG(gprice)>30;
```

在本示例中,首先根据 WHERE 子句查询条件从书籍表 goods 中筛选书籍类别小于"06"的书籍,然后通过 GROUP BY 子句按照书籍类别分类统计,最后通过 HAVING 子句筛选平均价格大于 30 元的书籍。运行结果如下所示。

```
+---------+--------+----------+
| gtypeid | 书籍数 | 平均价格 |
+---------+--------+----------+
| 01      |      1 |       35 |
| 02      |      1 |       36 |
| 03      |      3 |       46 |
| 05      |      3 |       35 |
+---------+--------+----------+
4 rows in set (0.00 sec)
```

3. 分组后排序

分组后的数据也可以根据指定的条件进行排序。

【示例 4.20】 对书籍表中的书籍按照书籍类别分类统计,按照均价从高到低排序。

```
SELECT gtypeid,AVG(gprice) AS 平均价格
FROM goods
GROUP BY gtypeid
ORDER BY AVG(gprice)DESC;
```

运行结果如下所示。

```
| gtypeid | 平均价格 |
  07        85
  06        52
  03        46
  02        36
  01        35
  05        35
  04        24
7 rows in set (0.00 sec)
```

4. 统计功能分组查询

如果想显示每个分组中的字段，可以通过函数 GROUP_CONCAT() 函数实现。

【示例 4.21】 对书籍表中的书籍按照书籍类别分类统计，同时显示出每组中书籍的名称和每组中书籍的个数。

```
SELECT gtypeid,GROUP_CONCAT(gname) gnames,COUNT(gname) number
FROM goods
GROUP BY gtypeid;
```

运行结果如下所示。

```
| gtypeid | gnames                              | number |
  01        高分子物理                              1
  02        现代遗传学                              1
  03        野外求生宝典,欧洲日记,西藏行              3
  04        游园惊梦                                1
  05        软件工程导论,软件架构设计,走进软件世界     3
  06        自动控制原理                             1
  07        算法导论                                 1
7 rows in set (0.00 sec)
```

任务 4.2　掌握多表连接查询

一个数据库中的多个表之间一般都存在着某种内在联系，任务 4.1 中的查询都是针对单个表进行的，如果一个查询需要从多个表中选择，就需要使用多表连接查询。表和表的"关系"是"关系型数据库"的重要特点，而多表连接查询实际上是通过各个表之间共同列的关联性来查询数据的，它是关系数据库查询最主要的特征。连接可分为内连接、外连接、交叉连接和自连接等。

4.2.1　内连接

内连接是最典型、最常用的连接查询，它根据表中共同的列进行匹配，特别是两个表存在主外键关系时通常会用到内连接查询。内连接通常使用 "=" 或 "<>" 的比较运算符判断两个表的列数据是否相同。

1. 使用 FROM 子句实现多表查询

【示例 4.22】 查询书籍类别及其书籍的相关信息。

```
SELECT category.caid,category.caname,goods.gid,goods.gname
FROM category,goods;
```

运行结果如下所示。

```
+------+-----------+--------+------------------+
| caid | caname    | gid    | gname            |
+------+-----------+--------+------------------+
| 01   | 自然科学  | 070001 | 算法导论         |
| 02   | 医学卫生  | 070001 | 算法导论         |
| 03   | 旅游地理  | 070001 | 算法导论         |
| 04   | 青春文学  | 070001 | 算法导论         |
| 05   | 软件开发  | 070001 | 算法导论         |
| 06   | 人工智能  | 070001 | 算法导论         |
| 07   | 计算机理论| 070001 | 算法导论         |
| 08   | 电子电工电信| 070001 | 算法导论       |
| 09   | 临床医学  | 070001 | 算法导论         |
| 10   | 工业技术  | 070001 | 算法导论         |
| 01   | 自然科学  | 050003 | 走进软件世界     |
| 02   | 医学卫生  | 050003 | 走进软件世界     |
| 03   | 旅游地理  | 050003 | 走进软件世界     |
| 04   | 青春文学  | 050003 | 走进软件世界     |
```

从查询的结果看，每条 category 表中的记录均与所有的 goods 表中的记录进行了匹配连接。它实际上返回连接表中所有数据行的笛卡儿积，其结果集合中的数据行数等于第一个表中的数据行数乘以第二个表中的数据行数。

在多表连接查询中，为避免两个表中存在同名的列而产生错误，一般在列名前要指定表的名称，即用"表名.列名"的完整表达方式。如果连接的两个表中没有相同的列名，则可以省略表名。

2. 在 WHERE 子句中指定连接条件

直接使用 FROM 子句连接表，返回的是两个表的记录的笛卡儿积，这在实际应用中没什么意义。实际应用中，通常需要查询的两个表的记录满足一定的关系。这时，可以在 SELECT 语句的 WHERE 子句中指定连接条件。

【示例 4.23】 查询书籍类别及其书籍的相关信息，只显示书籍类别和书籍表中书籍类别号匹配的记录。

```
SELECT category.caid,category.caname,goods.gid,goods.gname
FROM category,goods
WHERE category.caid= goods.gtypeid;
```

在本示例中，WHERE 子句给出了 category 和 goods 两个表进行连接所依据的关系，即根据两个表中的书籍类别进行匹配连接。从查询的结果来看，实际上是过滤掉了两个表中类别不相同的记录。运行结果如下所示。

```
+------+-----------+--------+------------------+
| caid | caname    | gid    | gname            |
+------+-----------+--------+------------------+
| 07   | 计算机理论| 070001 | 算法导论         |
| 05   | 软件开发  | 050003 | 走进软件世界     |
| 06   | 人工智能  | 060001 | 自动控制原理     |
| 05   | 软件开发  | 050002 | 软件架构设计     |
| 05   | 软件开发  | 050001 | 软件工程导论     |
| 04   | 青春文学  | 040001 | 游园惊梦         |
| 03   | 旅游地理  | 030003 | 西藏行           |
| 03   | 旅游地理  | 030002 | 欧洲日记         |
| 02   | 医学卫生  | 020001 | 现代遗传学       |
| 03   | 旅游地理  | 030001 | 野外求生宝典     |
| 01   | 自然科学  | 010001 | 高分子物理       |
+------+-----------+--------+------------------+
11 rows in set (0.00 sec)
```

3. 使用 JOIN 关键字实现连接

以上的查询也可以通过 JOIN…ON 子句来实现。

【示例 4.24】 查询书籍类别及其书籍的相关信息，只显示书籍类别和书籍表中书籍类别号匹配的记录。

```
SELECT category.caid,category.caname,goods.gid,goods.gname
FROM category
JOIN goods
ON category.caid= goods.gtypeid;
```

使用 JOIN 关键字实现表的连接，有助于将连接操作和 WHERE 的搜索条件区分开来。

4. 使用别名作为表名的简写

为了程序的简洁明了，提高查询语句的可读性，在连接查询中，也可以使用 AS 关键字来指定表的"别名"。

【示例 4.25】 查询顾客编号、姓名及其下的订单号和金额。

```
SELECT C.cid,C.ctruename,O.oid,O.osum
FROM customers AS C
JOIN orders AS O
ON C.cid=O.cid;
```

在本示例中，使用别名 C 和 O 分别代表 customers 和 orders，在连接条件中就可以直接使用别名。运行结果如下所示。

```
+-------+-----------+--------------+------+
| cid   | ctruename | oid          | osum |
+-------+-----------+--------------+------+
| c0006 | 陈毅名    | 201109201130 | 170  |
| c0006 | 陈毅名    | 201108231342 | 293  |
| c0005 | 吴美霞    | 201108231210 | 480  |
| c0004 | 李浩华    | 201108231012 | 240  |
| c0003 | 罗红红    | 201106051023 | 200  |
| c0002 | 张嘉靖    | 201106051022 | 35   |
| c0001 | 刘小和    | 201106051011 | 106  |
+-------+-----------+--------------+------+
7 rows in set (0.00 sec)
```

5. 三个表的连接查询

以上讲解的都是两个表的连接查询，如果是两个以上表的连接查询，则更复杂一些，但原理和两个表的连接查询是一样的。

【示例 4.26】 查询所有订单中订购的书籍名称、购买价格和购买数量以及订单日期。

```
SELECT orders.oid,orders.odate,goods.gname,orderdetails.odprice,orderdetails.odnumber
FROM orders
JOIN orderdetails
ON orders.oid =orderdetails.oid
JOIN goods
ON orderdetails.gid=goods.gid;
```

分析：订单表 orders 中存放了订单编号和订单日期，而该订单所订购的书籍信息，如书籍号、购买价格和购买数量存放在订单详细表 orderdetails 中，书籍名称又存放在书籍表 goods 中，因此，订单表需要和订单详细表通过订单号 oid 进行连接以获得订单中所购书籍的书籍号、购买价格和购买数量等信息，而订单详细表需要和书籍表通过书籍号 gid 进行连接以获得书籍名称信息。运行结果如下所示。

```
+--------------+---------------------+-----------+---------+----------+
| oid          | odate               | gname     | odprice | odnumber |
+--------------+---------------------+-----------+---------+----------+
| 201106051011 | 2011-06-05 00:00:00 | 高分子物理 |      35 |        2 |
| 201106051011 | 2011-06-05 00:00:00 | 现代遗传学 |      36 |        1 |
| 201106051022 | 2011-06-05 00:00:00 | 高分子物理 |      35 |        1 |
| 201106051023 | 2011-06-05 00:00:00 | 野外求生宝典 |    28 |        5 |
| 201106051023 | 2011-06-05 00:00:00 | 欧洲日记   |      60 |        1 |
| 201108231012 | 2011-08-23 00:00:00 | 游园惊梦   |      24 |       10 |
| 201108231210 | 2011-08-23 00:00:00 | 游园惊梦   |      24 |       20 |
| 201108231342 | 2011-08-23 00:00:00 | 自动控制原理 |    52 |        4 |
| 201108231342 | 2011-08-23 00:00:00 | 算法导论   |      85 |        1 |
| 201109201130 | 2011-09-20 00:00:00 | 算法导论   |      85 |        2 |
+--------------+---------------------+-----------+---------+----------+
10 rows in set (0.00 sec)
```

4.2.2 外连接

在内部连接中，只有满足连接条件的记录才能作为结果输出，但是如果希望输出在连接表中没有匹配行的记录，如有些书籍类别还没有具体的书籍，而又想将这些类别输出，就必须使用外连接。

外连接使用 OUTER JOIN 关键字，关键字 OUTER 可以省略。外连接包括三种：左外连接、右外连接和全外连接。

1. 左外连接

左外连接使用 LEFT JOIN 关键字，左外连接的结果集中包括"左表"（JOIN 关键字左边的表）中的所有行，其在"右表"（JOIN 关键字右边的表）中没有匹配的行显示为 NULL。因此左外连接实际上可以表示如下：

左外连接 = 内部连接 + 左表中失配的元组

【示例 4.27】 查询书籍类别及其书籍的相关信息，不管某种书籍类别是否有书籍存在。

```
SELECT category.caid,category.caname,goods.gid,goods.gname
FROM category
LEFT JOIN goods
ON category.caid= goods.gtypeid;
```

运行结果如下所示。从查询的结果看，书籍类别表 category（左表）中所有行的列（caid，caname）都显示出来，书籍表 goods（右表）中没有匹配行的列（gid，gname）填充为 NULL。

```
+------+-----------+--------+--------------+
| caid | caname    | gid    | gname        |
+------+-----------+--------+--------------+
| 01   | 自然科学   | 010001 | 高分子物理    |
| 02   | 医学卫生   | 020001 | 现代遗传学    |
| 03   | 旅游地理   | 030003 | 西藏行        |
| 03   | 旅游地理   | 030002 | 欧洲日记      |
| 03   | 旅游地理   | 030001 | 野外求生宝典   |
| 04   | 青春文学   | 040001 | 游园惊梦      |
| 05   | 软件开发   | 050003 | 走进软件世界   |
| 05   | 软件开发   | 050002 | 软件架构设计   |
| 05   | 软件开发   | 050001 | 软件工程导论   |
| 06   | 人工智能   | 060001 | 自动控制原理   |
| 07   | 计算机理论 | 070001 | 算法导论      |
| 08   | 电子电工电信 | NULL | NULL         |
| 09   | 临床医学   | NULL   | NULL         |
| 10   | 工业技术   | NULL   | NULL         |
+------+-----------+--------+--------------+
14 rows in set (0.00 sec)
```

2. 右外连接

右外连接使用 RIGHT JOIN 关键字，右外连接的结果集中包括"右表"（JOIN 关键字右边的表）中的所有行，其在"左表"（JOIN 关键字右边的表）中没有匹配的行显示为 NULL。因此右外连接实际上可以表示如下：

右外连接 = 内部连接 + 右表中失配的元组

为了测试这一结果，首先将表 category 和表 goods 的主外键关系删除，然后向 goods 表中添加一条记录：

```
INSERT INTO goods VALUES('110001','冒险小虎队','11','托马斯','浙江少儿出版社',
'9787534233777',12,100);
```

书籍类别编号"11"在书籍类别表中并不存在，在实际应用中，这种情况不可能出现。

【示例4.28】 查询所有书籍及其书籍类别的相关信息，不管某种书籍是否存在书籍类别。

```
SELECT category.caid,category.caname,goods.gid,goods.gname
FROM category
RIGHT JOIN goods
ON category.caid= goods.gtypeid;
```

运行结果如下所示。从查询的结果看，书籍表 goods（右表）中所有行的列（gid，gname）都显示出来，书籍类别表 category（左表）中没有匹配行的列（caid，caname）都填充为 NULL。

```
+------+-----------+--------+--------------+
| caid | caname    | gid    | gname        |
+------+-----------+--------+--------------+
| NULL | NULL      | 110001 | 冒险小虎队   |
| 07   | 计算机理论| 070001 | 算法导论     |
| 05   | 软件开发  | 050003 | 走进软件世界 |
| 06   | 人工智能  | 060001 | 自动控制原理 |
| 05   | 软件开发  | 050002 | 软件架构设计 |
| 05   | 软件开发  | 050001 | 软件工程导论 |
| 04   | 青春文学  | 040001 | 游园惊梦     |
| 03   | 旅游地理  | 030003 | 西藏行       |
| 03   | 旅游地理  | 030002 | 欧洲日记     |
| 02   | 医学卫生  | 020001 | 现代遗传学   |
| 03   | 旅游地理  | 030001 | 野外求生宝典 |
| 01   | 自然科学  | 010001 | 高分子物理   |
+------+-----------+--------+--------------+
12 rows in set (0.00 sec)
```

为了保持数据的完整性，将刚才添加的记录删除，然后重新设定好表 category 和表 goods 的主外键关系。

```
DELETE FROM goods WHERE gtypeid='11';
```

4.2.3 交叉连接

交叉连接采用 CROSS JOIN 关键字，没有 ON 子句的交叉连接将产生连接所涉及的表的笛卡儿积。

【示例4.29】 查询书籍类别及其书籍的相关信息，只显示书籍类别和书籍表中书籍类别号匹配的记录。

```
SELECT category.caid,category.caname,goods.gid,goods.gname
FROM category
```

```
CROSS JOIN goods
ON category.caid= goods.gtypeid;
```

运行结果如下所示。从查询的结果可以看出，本示例和示例 4.28 的结果是一样的。

```
+------+-----------+--------+--------------+
| caid | caname    | gid    | gname        |
+------+-----------+--------+--------------+
| 07   | 计算机理论 | 070001 | 算法导论     |
| 05   | 软件开发   | 050003 | 走进软件世界 |
| 06   | 人工智能   | 060001 | 自动控制原理 |
| 05   | 软件开发   | 050002 | 软件架构设计 |
| 05   | 软件开发   | 050001 | 软件工程导论 |
| 04   | 青春文学   | 040001 | 游园惊梦     |
| 03   | 旅游地理   | 030003 | 西藏行       |
| 03   | 旅游地理   | 030002 | 欧洲日记     |
| 02   | 医学卫生   | 020001 | 现代遗传学   |
| 03   | 旅游地理   | 030001 | 野外求生宝典 |
| 01   | 自然科学   | 010001 | 高分子物理   |
+------+-----------+--------+--------------+
11 rows in set (0.00 sec)
```

4.2.4 自连接

在信息查询时，有时需要将表与其自身进行连接，即自连接，这就需要用到别名。

【示例 4.30】 查询价格高于"现代遗传学"书籍的书籍号、书籍名称和书籍单价，并按价格从高到低排序。

```
SELECT G2.gid,G2.gname,G2.gprice
FROM goods AS G1,goods AS G2
WHERE G1.gname='现代遗传学' AND G1.gprice<G2.gprice
ORDER BY G2.gprice;
```

在本示例中，FROM 子句后的两个表实际上都是表 goods。为了独立使用它们，采取表别名方法，分别为其定义别名 G1 和 G2。使用 G1 通过书名查询到书籍"现代遗传学"，然后通过条件"G1.gprice<G2.gprice"查询到价格高于书籍"现代遗传学"的书籍，再用 G2 将书籍信息显示出来。运行结果如下所示。

```
+--------+--------------+--------+
| gid    | gname        | gprice |
+--------+--------------+--------+
| 050002 | 软件架构设计 | 40     |
| 030003 | 西藏行       | 50     |
| 060001 | 自动控制原理 | 52     |
| 030002 | 欧洲日记     | 60     |
| 070001 | 算法导论     | 85     |
+--------+--------------+--------+
5 rows in set (0.00 sec)
```

本示例也可以用后面讲到的子查询实现。

4.2.5 联合查询

联合查询可合并多个相似的选择查询的结果集，等同于将一个表追加到另一个表，从而实现将两个表的查询组合到一起，使用关键字词为 UNION 或 UNION ALL。

UNION 运算符可以将两个或两个以上的 SELECT 语句的查询结果集合合并成一个结果集合显示，即执行联合查询。UNION 的语法格式为：

```
select_statement
    UNION [ALL] selectstatement
    [UNION [ALL] selectstatement][…n]
```

其中 selectstatement 为待联合的 SELECT 查询语句。ALL 选项表示将所有行合并到结果集合中。不指定该项时，被联合查询结果集合中的重复行将只保留一行。

联合查询时，查询结果的列标题为第一个查询语句的列标题。因此，要定义列标题必须在第一个查询语句中定义。要对联合查询结果排序时，也必须使用第一查询语句中的列名、列标题或者列序号。

在使用 UNION 运算符时，应保证每个联合查询语句的选择列表中有相同数量的表达式，并且每个查询选择表达式应具有相同的数据类型，或是可以自动将它们转换为相同的数据类型。在自动转换时，对于数值类型，系统将低精度的数据类型转换为高精度的数据类型。

【示例 4.31】 查询书名包含"软件"以及价格不高于 40 元的书籍。

```
SELECT gid,gname,gprice
FROM goods
WHERE gname LIKE '%软件%'
UNION
SELECT gid,gname,gprice
FROM goods
WHERE gprice<40;
```

在本示例中，将两个不同条件查询的结果合并到一张表中。运行结果如下所示。

```
| gid    | gname        | gprice |
| 050003 | 走进软件世界 |   30   |
| 050002 | 软件架构设计 |   40   |
| 050001 | 软件工程导论 |   35   |
| 040001 | 游园惊梦     |   24   |
| 020001 | 现代遗传学   |   36   |
| 030001 | 野外求生宝典 |   28   |
| 010001 | 高分子物理   |   35   |
7 rows in set (0.00 sec)
```

任务 4.3　掌握子查询操作

子查询是一个嵌套在 SELECT、INSERT、UPDATE 或 DELETE 语句中的查询。子查询又称内部查询或内部选择，而包含子查询的语句又称外部查询或父查询。

4.3.1　使用比较运算符的子查询

带有比较运算符的子查询是指父查询与子查询之间用比较符进行连接。当子查询返回的值是单值时，可以用 >、<、=、>=、<=、!= 或 <> 等比较运算符。

【示例 4.32】 查询价格高于"现代遗传学"的书籍的书籍号、书籍名称和书籍单价，并按价格从高到低排序。

```
SELECT gid,gname,gprice
```

```
FROM goods
WHERE gprice >(SELECT gprice FROM goods WHERE gname='现代遗传学')
ORDER BY gprice DESC;
```

上述查询中的"（SELECT gprice FROM goods WHERE gname='现代遗传学'）"部分就是子查询，因为它嵌入到查询中作为 WHERE 条件的一部分。MySQL 执行时，先执行子查询部分，求出子查询部分的值，然后再执行整个父查询。

分析：第一步，查找书籍名为"现代遗传学"的书籍的价格；第二步，查找价格比书籍"现代遗传学"价格高的其他书籍；第三步，按照价格高低将查找结果进行排序。

运行结果如下所示。

```
+--------+--------------+--------+
| gid    | gname        | gprice |
+--------+--------------+--------+
| 050002 | 软件架构设计 |     40 |
| 030003 | 西藏行       |     50 |
| 060001 | 自动控制原理 |     52 |
| 030002 | 欧洲日记     |     60 |
| 070001 | 算法导论     |     85 |
+--------+--------------+--------+
5 rows in set (0.00 sec)
```

上述子查询是针对单表进行查询，除此以外，还可以将多表间的数据组合在一起，从而替换连接（JOIN）查询。

【示例 4.33】 查询书籍类别是"软件开发"的所有书籍信息，包括书籍名称和书籍价格。

```
SELECT gname,gprice
FROM goods
WHERE gtypeid =(SELECT caid  FROM category WHERE caname='软件开发');
```

运行结果如下所示。

```
+--------------+--------+
| gname        | gprice |
+--------------+--------+
| 走进软件世界 |     30 |
| 软件架构设计 |     40 |
| 软件工程导论 |     35 |
+--------------+--------+
3 rows in set (0.00 sec)
```

上述查询也可以用多表连接实现，代码如下：

```
SELECT goods.gname,goods.gprice
FROM goods
JOIN category
ON goods.gtypeid = category.caid AND category.caname='软件开发';
```

提示：一般来说，表连接都可以用子查询替换，但反过来却不一定。子查询比较灵活、方便，形式多样，适合作为查询的筛选条件。而表连接更适合于查询多表的数据。

4.3.2 [NOT] IN 子查询

使用比较运算符时，要求子查询只能返回一条或空的记录。如果子查询返回多条记录，则要用 IN 关键字，它判断某个属性列是否在子查询的结果中。由于在嵌套查询中，子查询的结果往往是一个集合，所以 IN 是嵌套查询中最常使用的关键字。

【示例 4.34】 查询订购了书籍的顾客编号和姓名。

```
SELECT cid,ctruename
FROM customers
WHERE cid IN(SELECT cid FROM orders);
```

查询结果如下所示。

```
+-------+-----------+
| cid   | ctruename |
+-------+-----------+
| c0005 | 吴美霞    |
| c0006 | 陈毅名    |
| c0004 | 李浩华    |
| c0003 | 罗红红    |
| c0002 | 张嘉靖    |
| c0001 | 刘小和    |
+-------+-----------+
6 rows in set (0.00 sec)
```

在本示例中，首先在订单表 orders 中查找所有顾客编号，因为返回的记录有多行，因此必须用 IN 关键字查找顾客表中满足条件的顾客信息。

如果希望查找没有订购书籍的顾客信息，则加上否定的 NOT 即可。

【示例 4.35】 查询没有订购书籍的顾客编号和姓名。

```
SELECT cid,ctruename
FROM customers
WHERE cid NOT IN(SELECT cid FROM orders);
```

运行结果如下所示。

```
+-------+-----------+
| cid   | ctruename |
+-------+-----------+
| c0009 | 许志敏    |
| c0010 | 王天成    |
| c0008 | 张丰盛    |
| c0007 | 黄小波    |
+-------+-----------+
4 rows in set (0.00 sec)
```

4.3.3 ANY 子查询

关键字 ANY 用来表示子查询的条件为满足子查询返回查询结果中任意一条数据记录，该关键字有三种匹配方式。

=ANY：其功能与关键字 IN 一样；

\>ANY（或 >=ANY）：大于（大于或等于）子查询中返回数据记录中最小的数据记录。

<ANY（或 <=ANY）：小于（小于或等于）子查询中返回数据记录中最大的数据记录。

【示例 4.36】 查询书籍表中的书籍名称、出版社名称和价格，这些书籍的价格不低于出版社为"清华大学出版社"的书籍的价格。

```
SELECT gname,gpublisher,gprice
FROM goods
WHERE gprice>ANY(
     SELECT gprice FROM goods
     WHERE gpublisher='清华大学出版社');
```

运行结果如下所示。

gname	gpublisher	gprice
算法导论	机械工业出版社	85
自动控制原理	科学出版社	52
软件架构设计	清华大学出版社	40
西藏行	湖南教育出版社	50
欧洲日记	湖南教育出版社	60
现代遗传学	高等教育出版社	36

6 rows in set (0.01 sec)

4.3.4 ALL 子查询

关键字 ALL 用来表示主查询的条件为满足子查询返回查询结果中所有数据记录，该关键字有两种匹配方式，分别如下。

>ALL（或 >=ALL）：大于（大于或等于）子查询中返回数据记录中最大的数据记录。

< ALL（或 <=ALL）：小于（小于或等于）子查询中返回数据记录中最小的数据记录。

【示例 4.37】 查询书籍表中的书籍名称、出版社名称和价格，这些书籍的价格大于出版社为"清华大学出版社"的书籍的价格。

```
SELECT gname,gpublisher,gprice
FROM goods
WHERE gprice>ALL(
    SELECT gprice FROM goods
    WHERE gpublisher='清华大学出版社');
```

运行结果如下所示。

gname	gpublisher	gprice
算法导论	机械工业出版社	85
自动控制原理	科学出版社	52
西藏行	湖南教育出版社	50
欧洲日记	湖南教育出版社	60

4 rows in set (0.00 sec)

4.3.5 [NOT] EXISTS 子查询

在一些情况下，只需要子查询返回一个 TRUE 或 FALSE，子查询数据内容本身并不重要，这时，可使用 EXISTS 判别式来引入子查询。

【示例 4.38】 查询没有书籍的书籍类别。

```
SELECT caid,caname
FROM category C
WHERE NOT EXISTS(SELECT * FROM goods WHERE  gtypeid=C.caid);
```

运行结果如下所示。

caid	caname
08	电子电工电信
09	临床医学
10	工业技术

3 rows in set (0.00 sec)

使用 EXISTS 关键字后，若查询结果非空，则 WHERE 子句返回真值，否则返回假值。由 EXISTS 关键字的子查询的目标列表达式通常用"*"，因为列名实际没有意义。

与 EXISTS 相对应的是 NOT EXISTS 关键字，使用 NOT EXISTS 关键字后，若查询结果非空，则 WHERE 子句返回假值，否则返回真值。与内连接方式查询相比，子查询的效率高。

任务 4.4　MySQL 运算符

运算符连接表达式中各个操作数，其作用是用来指明对操作数所进行的运算。MySQL 数据库支持使用运算符。通过运算符，可以使数据库的功能更加强大。而且，可以更加灵活地使用表中的数据。MySQL 运算符包括 4 类，分别是算术运算符、比较运算符、逻辑运算符和位运算符。

4.4.1　算术运算符

算术运算符是 SQL 中最常用的运算符，主要是对数值运算使用的。算术运算符主要包括加、减、乘、除、取余 5 种。具体描述如表 4-3 所示。

表 4-3　算术运算符

符号	表达式的形式	作用
+	x1+x2+…+xn	加法运算
-	x1-x2-…-xn	减法运算
*	x1*x2*…*xn	乘法运算
/	x1/x2	除法运算
%	x1%x2	求余运算
DIV	x1 DIV x2	除法运算，返回商。同"/"
MOD	MOD(x1,x2)	求余运算，返回余数。同"%"

【示例 4.39】　使用算术运算符对商品表 goods 中的商品数量 gnumber 字段值进行加、减、乘、除运算。

```
USE bookshop;
SELECT gnumber, gnumber+100, gnumber-100, gnumber*10, gnumber/10
    FROM goods;
```

运行结果如下所示。

```
+---------+-------------+-------------+------------+------------+
| gnumber | gnumber+100 | gnumber-100 | gnumber*10 | gnumber/10 |
+---------+-------------+-------------+------------+------------+
|     150 |         250 |          50 |       1500 |    15.0000 |
|     100 |         200 |           0 |       1000 |    10.0000 |
|     300 |         400 |         200 |       3000 |    30.0000 |
|     200 |         300 |         100 |       2000 |    20.0000 |
|     250 |         350 |         150 |       2500 |    25.0000 |
|     100 |         200 |           0 |       1000 |    10.0000 |
|     200 |         300 |         100 |       2000 |    20.0000 |
|     150 |         250 |          50 |       1500 |    15.0000 |
|     100 |         200 |           0 |       1000 |    10.0000 |
|     200 |         300 |         100 |       2000 |    20.0000 |
|     250 |         350 |         150 |       2500 |    25.0000 |
+---------+-------------+-------------+------------+------------+
11 rows in set (0.00 sec)
```

结果输出了 gprice 字段的原值以及执行算术运算符后得到的值。

4.4.2 比较运算符

比较运算符,用于比较两个表达式的值,其运算结果为逻辑值,可以为三种之一:1(真)、0(假)及 NULL(不能确定)。SELECT 语句中的条件语句经常要使用比较运算符。通过这些比较运算符,可以判断表中的哪些记录是符合条件的。

表 4-4 比较运算符

符号	表达式的形式	作用
=	x1=x2	判断 x1 是否等于 x2
<> 或 !=	x1<>x2 或 x1!=x2	判断 x1 是否不等于 x2
>=	x1>=x2	判断 x1 是否大于等于 x2
<=	x1<=x2	判断 x1 是否小于等于 x2
IS NULL	x1 IS NULL	判断 x1 是否等于 NULL
BETWEEN AND	x1 BETWEEN m AND n	判断 x1 的取值是否落在 m 和 n 之间
IN	x1 IN(值 1,值 2,…,值 n)	判断 x1 的取值是否是 IN 列表中的任意一个值
LIKE	x1 LIKE 表达式	判断 x1 是否与表达式匹配
REGEXP	x1 REGEXP 正则表达式	判断 x1 是否与正则表达式匹配

1. 运算符"<>"和"!="

"<>"和"!="可以用来判断数字、字符串、表达式等是否不相等。如果不相等,结果返回 1。如果相等,结果返回 0。这两个符号也不能用来判断空值(NULL)。

【示例 4.40】 运用"<>"和"!="运算符判断 goods 表中 gprice 字段值是否等于 40。

```
SELECT gid,gprice<>40, gprice!=40
FROM goods;
```

运行结果如下所示。

```
+--------+------------+------------+
| gid    | gprice<>40 | gprice!=40 |
+--------+------------+------------+
| 060001 |          1 |          1 |
| 050003 |          1 |          1 |
| 050001 |          1 |          1 |
| 050002 |          0 |          0 |
| 040001 |          1 |          1 |
| 030003 |          1 |          1 |
| 030002 |          1 |          1 |
| 030001 |          1 |          1 |
| 020001 |          1 |          1 |
| 010001 |          1 |          1 |
| 070001 |          1 |          1 |
+--------+------------+------------+
11 rows in set (0.00 sec)
```

结果显示返回值都为 1,这表示记录中的 gprice 字段值不等于 40。

2. 运算符"REGEXP"

"REGEXP"用来匹配字符串,但其是使用正则表达式进行匹配的。表示式"x1 REGEXP '匹配方式'"中,如果 x1 满足匹配式,结果将返回 1。如果不满足,结果将返回 0。

【示例 4.41】 使用 REGEXP 运算符来匹配 customers 表中的 cid 字段的值是否以指定字符开头、结尾，同时是否包含指定的字符串。

```
SELECT cid,cid REGEXP 'c' ,cid REGEXP '3$',cid REGEXP '^c'
FROM customers;
```

运行结果如下所示。

```
+-------+----------------+-----------------+-----------------+
| cid   | cid REGEXP 'c' | cid REGEXP '3$' | cid REGEXP '^c' |
+-------+----------------+-----------------+-----------------+
| c0001 |              1 |               0 |               1 |
| c0002 |              1 |               0 |               1 |
| c0003 |              1 |               1 |               1 |
| c0004 |              1 |               0 |               1 |
| c0005 |              1 |               0 |               1 |
| c0006 |              1 |               0 |               1 |
| c0007 |              1 |               0 |               1 |
| c0008 |              1 |               0 |               1 |
| c0009 |              1 |               0 |               1 |
| c0010 |              1 |               0 |               1 |
+-------+----------------+-----------------+-----------------+
10 rows in set (0.00 sec)
```

使用 REGEXP 关键字可以匹配字符串，其使用方法非常灵活。REGEXP 关键字经常与"^"、"$"和"."一起使用。"^"用来匹配字符串的开始部分；"$"用来匹配字符串的末尾部分；"."用来代表字符串中的一个字符。

4.4.3 逻辑运算符

逻辑运算符用来判断表达式的真假。逻辑运算符的返回结果只有 1 和 0。如果表达式是真，结果将返回 1。如果表达式是假，结果返回 0。逻辑运算符又称为布尔运算符。MySQL 中支持四种逻辑运算符。这四种逻辑运算符分别是与、或、非和异或。

表 4-5 逻辑运算符

运算符	作用	举例
&& 或 AND	逻辑与。表示所有操作数均为非零值、并且不为 NULL 时，计算所得结果为 1；当一个或多个操作数为 0 时，所得结果为 0，其余情况返回值为 NULL。	SELECT 1 AND 0 结果为 0
|| 或 OR	逻辑或。操作数中存在任何一个操作数不为非 0 的数字时，结果返回 1；如果操作数中不包含非 0 的数字，但包含 NULL 时，结果返回 NULL；如果操作数中只有 0 时，结果返回 0。	SELECT 1 OR 2 结果为 1
! 或 NOT	逻辑非。表示操作数为 0 时，所得值为 1；当操作数为非零值时，所得值为 0；当操作数为 NULL 时，所得的返回值为 NULL。	SELECT NOT 10 结果为 0
XOR	逻辑异或。当任意一个操作数为 NULL 时，返回值为 NULL；如果两个操作数都是非 0 值或者都是 0 值，则返回结果为 0；如果一个为 0 值，另一个非 0 值，返回结果为 1。	SELECT 1 XOR 1 结果为 0

4.4.4 位运算符

位运算符是在二进制数年上进行计算的运算符。位运算会先将操作数变成二进制数，然后进行位运算，最后再将计算结果从二进制数变回十进制数。在 MySQL 中运行 6 种位运算符。这 6 种位运算符分别是按位与、接位或、接位取反、接位异或、按位左移和按位右移。

表 4-6 位运算符

运算符	作用	举例
&	按位与。将操作数据转换为二进制数后，然后对应操作数的每个二进制进行与运算。1 和 1 相与得 1，和 0 相与得 0。运算完成后再将二进制数转换为十进制数。	SELECT 3&4 结果是 0
|	按位或。将操作数据转换为二进制数后，每位都进行或运算。1 和任何数进行或运算的结果都是 1，0 和 0 或运算结果为 0。	SELECT 3|4 结果是 7
~	按位取反。将操作数转换为二进制数后，每位都进行取反运算。1 取反后变成 0，0 取反后变成 1。	SELECT 5&~1 结果是 4
^	按位异或。将操作数转换为二进制数后，每位都进行异或运算。相同的数异或之后结果是 0，不同的数异或之后结果是 1。	SELECT 1^0 结果是 1
<<	按位左移。"m<<n"表示 m 的二进制数向左移 n 位，右边补上 n 个 0。例如，二进制数 001 左移 1 位后将变成 0010。	SELECT 1<<2 结果是 4
>>	按位右移。"m>>n"表示 m 的二进制数向右移 n 位，左边补上 n 个 0。例如，二进制数 011 右移 1 位后变成 001，最后一个 1 直接被移出。	SELECT 16>>2 结果是 4

4.4.5 运算符的优先级

运算符的优先级决定了不同的运算符在表达式中计算的先后顺序。表 4-7 列出了 MySQL 中的各类运算符及其优先级。

表 4-7 运算符的优先级

运算符	优先级	运算符	优先级
+（正）、-（负）、~（按位 NOT）	1	NOT	6
*（乘）、/（除）、%（模）	2	AND	7
+（加）、-（减）	3	ALL、ANY、BETWEEN、IN、LIKE、OR、SOME	8
=, >, <, >=, <=, <>, !=, !>, !< 比较运算符	4	=（赋值）	9
^（位异或）、&（位与）、|（位或）	5		

可以看到，不同运算符的优先级是不同的。一般情况下，级别高的运算符先进行计算，如果级别相同，MySQL 按表达式的顺序从左到右依次计算。当然，在无法确定优先级的情况下，可以使用圆括号（）来改变优先级，并且这样会使计算过程更加清晰。

任务 4.5 系统内置函数

与 C 语言类似，MySQL 也提供了一些内部函数，不同类别的函数可以和 SELECT 语句联合使用，也可以与 UPDATE 和 INSERT 一起使用。

4.5.1 字符串函数

字符串函数用于控制返回给用户的字符串，这些功能仅用于字符型数据。表 4-8 列出了常用的字符串函数。

表 4-8　部分常用的字符串函数

函数	作用
ASCII(char)	返回字符的 ASCII 码值
LENGTH(s)	返回字符串 s 的长度
CHAR_LENGTH(s)	返回字符串 s 的字符数
CONCAT(s1,s2…)	将字符串 s1,s2 等多个字符串合并为一个字符串
CONCAT_WS(sep,s1,s2…)	将字符串 s1,s2,…,sn 连接成字符串，并用 sep 字符间隔
INSERT(s1,x,len,s2)	将字符串 s2 替换 s1 的 x 位置开始长度为 len 的字符串
UPPER(s)	将字符串 s 中所有字符转换为大写
LOWER(s)	将字符串 s 中所有字符转换为小写
LEFT(s,n)	返回字符串 s 中最前的 n 个字符
RIGHT(s,n)	返回字符串 s 中最后的 n 个字符
LPAD(s1,len,s2)	用字符串 s2 对 s1 进行左边填补直至达到 len 个字符长度
RPAD(s1,len,s2)	用字符串 s2 对 s1 进行右边填补直至达到 len 个字符长度
TRIM(s)	去除字符串 s 首部和尾部的所有空格
LTRIM(s)	从字符串 s 中去掉开头的空格
RTRIM(s)	从字符串 s 中去掉尾部的空格
REPEAT(s,n)	返回字符串 s 重复 n 次的结果
REPLACE(s,s1,s2)	用字符串 s2 替换字符串 s 中所有出现的字符串 s2
STRCMP(s1,s2)	比较字符串 s1 和 s2
SUBSTRING(s,n,len)	返回从字符串 s 的 n 位置起 len 个字符长度的子串
POSITION(s1,s)	返回子串 s1 在字符串 s 中第一次出现的位置
INSTR(s,s1)	从字符串 s 中获取 s1 的开始位置
REVERSE(s)	返回颠倒字符串 s 的结果
FIELD(s,s1,s2,…)	返回第一个与字符串 s 匹配的字符串的位置
FIND_IN_SET(s1,s2)	返回在字符串 s2 中与 s1 匹配的字符串的位置

下面分别表 4-8 中常用到的字符串函数进行讲解。

1. LEFT(s,n) 和 RIGHT(s,n) 函数

LEFT(s,n) 函数返回字符串 s 的最前 n 个字符；RIGHT(s,n) 函数返回字符串 s 的最后 n 个字符。例如：

```
SELECT 'I like Mysql' AS 字符串,LEFT('I like Mysql',6) AS 前 6 个字符,
RIGHT('I like Mysql',5)  AS 后 5 个字符;
```

执行结果如下所示。

执行结果如下所示。

```
+---------------------+
| NOW()               |
+---------------------+
| 2016-11-18 06:47:21 |
+---------------------+
1 row in set (0.00 sec)
```

2. CURDATE() 和 CURTIME() 函数

CURDATE() 函数可以获取当前的系统日期，返回格式是"YYYYMMDD"或"YYYY-MM-DD"。CURTIME() 获取当前的时间,返回格式是"HHMMSS"或者是"HH:MM:SS"。例如：

```
SELECT CURDATE() 当前日期,CURTIME() 当前时间;
```

执行结果如下所示。

```
mysql> SELECT CURDATE() 当前日期,CURTIME() 当前时间;
+------------+----------+
| 当前日期   | 当前时间 |
+------------+----------+
| 2016-11-22 | 04:41:11 |
+------------+----------+
1 row in set (0.00 sec)
```

3. DAYOFWEEK(d)、DAYOFMONTH(d) 和 DAYOYEAR(d) 函数

DAYOFWEEK(d)、DAYOFMONTH(d) 和 DAYOYEAR(d) 函数分别这一天在一星期、一个月及一年中的序数。例如：

```
SELECT DAYOFWEEK('2013-01-12'),
       DAYOFMONTH('2013-05-20'),DAYOFYEAR('2013-02-10');
```

执行结果如下所示。

```
+-------------------------+--------------------------+-------------------------+
| DAYOFWEEK('2013-01-12') | DAYOFMONTH('2013-05-20') | DAYOFYEAR('2013-02-10') |
+-------------------------+--------------------------+-------------------------+
|                       7 |                       20 |                      41 |
+-------------------------+--------------------------+-------------------------+
1 row in set (0.00 sec)
```

4. HOUR(t)、MINUTE(t) 和 SECOND(t) 函数

HOUR(t) 、MINUTE(t) 和 SECOND(t) 函数分别返回时间值的小时、分钟和秒部分，每个函数带有一个参数，参数要求符合时间格式。例如：

```
SELECT HOUR('12:24:26'), MINUTE('12:24:26'), SECOND('12:24:26');
```

执行结果如下所示。

```
+------------------+--------------------+--------------------+
| HOUR('12:24:26') | MINUTE('12:24:26') | SECOND('12:24:26') |
+------------------+--------------------+--------------------+
|               12 |                 24 |                 26 |
+------------------+--------------------+--------------------+
1 row in set (0.00 sec)
```

5. DATE_ADD() 和 DATE_SUB() 函数

DATE_ADD(d, INTERVAL intkeyword) 函数是计算 d 加上间隔时间后的值，DATE_SUB(d, INTERVAL intkeyword) 则是计算 d 减去时间间隔后的值。例如：

```
SELECT DATE_ADD('2013-04-12',INTERVAL 15 DAY),
       DATE_SUB('2012-11-25 11:20:35',INTERVAL 20 MINUTE );
```

执行结果如下所示。

```
+------------------------------------------+-------------------------------------------------------+
| DATE_ADD('2013-04-12',INTERVAL 15 DAY)   | DATE_SUB('2012-11-25 11:20:35',INTERVAL 20 MINUTE )   |
+------------------------------------------+-------------------------------------------------------+
| 2013-04-27                               | 2012-11-25 11:00:35                                   |
+------------------------------------------+-------------------------------------------------------+
1 row in set (0.00 sec)
```

6. DATEDIFF() 函数

DATEDIFF(d1,d2) 是获取 d1 和 d2 两个日期之间的相隔天数。例如：

```
SELECT DATEDIFF('2016-10-10','2016-10-01') 相隔天数;
```

执行结果如下所示。

```
+----------+
| 相隔天数 |
+----------+
|        9 |
+----------+
1 row in set (0.00 sec)
```

4.5.3 数学函数

数学函数用于简单的数学运算，这些函数包括三角函数、取近似值函数和计算函数等。表 4-10 列出了部分常用的数学函数。

表 4-10 常用的数学函数

函数	作用
ABS(x)	返回 x 的绝对值
CEILING(x)	返回大于或等于 x 的最小整数
FLOOR(x)	返回小于或等于 x 的最大整数
GREATEST(x1,x2,…, xn)	返回集合中最大的值
LEAST(x1,x2,…, xn)	返回集合中最小的值
LN(x)	求 x 的自然对数
LOG(x,y)	求以 y 为底 x 的对数
MOD(x,y)	求 x/y 的模（余数）
PI()	求 PI 的值（圆周率）
RAND()	返回 0 到 1 内的随机值
RAND(x)	返回 0 到 1 内的随机值，x 值相同时返回的随机数相同
ROUND(x)	求参数 x 的四舍五入的值
TRUNCATE(x,y)	求数字 x 截断尾 y 位小数的结果
SIGN(x)	返回 x 的符号，x 是负数、0、正数分别返回 –1、0 和 1
POW(x,y) 或 POWER(x,y)	求 x 的 y 次幂（x^y）
EXP(x)	返回 e 的 x 次方（e^x）
SQRT(x)	返回 x 的平方根
DEGREES(x)	将弧度 x 转换为角度
RADIANS(x)	将角度 x 转换为弧度
COS(x)	返回余弦值
COT(x)	返回余切值
SIN(x)	返回正弦值
TAN	返回正切值
ACOS(x)	返回 x（弧度）的反余弧值
ASIN(x)	返回 x（弧度）的反正弧值

下面对表 4-10 中的常用函数进行讲解

1. ABS(x) 函数

ABS(x) 函数用于获得 x 的绝对值。例如：

```
SELECT ABS(-789),ABS(-5.643);
```

执行结果如下所示。

```
mysql> SELECT ABS(-789),ABS(-5.643);
+-----------+-------------+
| ABS(-789) | ABS(-5.643) |
+-----------+-------------+
|       789 |       5.643 |
+-----------+-------------+
1 row in set (0.01 sec)
```

2. FLOOR(x) 和 CEILING(x) 函数

FLOOR(x) 用于获得小于 x 的最大整数值，CEILING(x) 函数用于获得大于 x 的最小整数值。例如：

```
SELECT FLOOR(-2.3), CEILING(-2.3),FLOOR(9.9),CEILING(9.9);
```

执行结果如下所示。

```
+-------------+---------------+------------+--------------+
| FLOOR(-2.3) | CEILING(-2.3) | FLOOR(9.9) | CEILING(9.9) |
+-------------+---------------+------------+--------------+
|          -3 |            -2 |          9 |           10 |
+-------------+---------------+------------+--------------+
1 row in set (0.00 sec)
```

3. GREATEST() 和 LEAST() 函数

GREATEST() 和 LEAST() 函数是数学函数中经常使用到的函数，它们的功能是获得一组数中的最大值和最小值。例如：

```
SELECT GREATEST(13,27,178),LEAST(3,67,8);
```

执行结果如下所示。

```
+---------------------+---------------+
| GREATEST(13,27,178) | LEAST(3,67,8) |
+---------------------+---------------+
|                 178 |             3 |
+---------------------+---------------+
1 row in set (0.00 sec)
```

4. ROUND(x) 和 TRUNCATE(x,y) 函数

ROUND(x) 函数用于获得 x 的四舍五入的整数值；TRUNCATE(x,y) 函数返回 x 保留到小数点后 y 位的值。例如：

```
SELECT ROUND(34.567), TRUNCATE(3.1415926,3);
```

执行结果如下所示。

```
+---------------------+---------------+
| GREATEST(13,27,178) | LEAST(3,67,8) |
+---------------------+---------------+
|                 178 |             3 |
+---------------------+---------------+
1 row in set (0.00 sec)
```

5. RAND() 和 RAND(x) 函数

RAND() 函数是返回 0~1 的随机数。但是 RAND() 返回的数是完全随机的，而 RAND(x) 函数的 x 相同时返回的值是相同的。例如：

```
SELECT RAND(),RAND(2),RAND(2),RAND(3);
```

执行结果如下所示。

```
+-------------------+-------------------+-------------------+-------------------+
| RAND()            | RAND(2)           | RAND(2)           | RAND(3)           |
+-------------------+-------------------+-------------------+-------------------+
| 0.8330829141969633| 0.6555866465490187| 0.6555866465490187| 0.9057697559760601|
+-------------------+-------------------+-------------------+-------------------+
1 row in set (0.00 sec)
```

6. SQRT(x) 和 MOD(x,y) 函数

SQRT(x) 用来求平方根；MOD(x,y) 函数用来求余数。例如：

```
SELECT SQRT(64), SQRT(2),MOD(10,3);
```

执行结果如下所示。

```
+---------+-------------------+-----------+
| SQRT(64)| SQRT(2)           | MOD(10,3) |
+---------+-------------------+-----------+
|       8 | 1.4142135623730951 |         1 |
+---------+-------------------+-----------+
1 row in set (0.00 sec)
```

4.5.4 系统函数

SQL Server 提供了一些主要用于系统管理相关的系统函数，包括信息查询和判断、分类系统函数。

表 4-11 部分常用的系统函数

函数	作用
DATABASE() 或者 SCHEMA()	返回当前的数据库名
CONNECTION_ID()	获取服务器的连接数
USER()、SYSTEM_USER()、SESSION_USER	返回当前登录用户名
CHARSET(str)	获取字符串 str 的字符集
VERSION()	获取数据库的版本号
LAST_INSERT_ID()	获取最近生成的 AUTO_INCREMENT 值
COLLATION(str)	获取字符串 str 的字符排列方式

下面分别表 4-11 中常用到的系统函数进行讲解。

1. DATABASE()、USER() 和 VERSION() 函数

DATABASE()、USER() 和 VERSION() 函数可以分别返回当前所选数据库、当前用户和 MySQL 版本信息。例如：

```
SELECT DATABASE(),USER(),VERSION();
```

执行结果如下所示。

```
+------------+----------------+-----------+
| DATABASE() | USER()         | VERSION() |
+------------+----------------+-----------+
| NULL       | root@localhost | 5.5.40    |
+------------+----------------+-----------+
1 row in set (0.00 sec)
```

2. CHARSET(str) 和 COLLATION(str) 函数

CHARSET(str) 函数返回字符串 str 的字符集，一般情况这个字符集就是系统的默认字符集；COLLATION(str) 函数返回字符串 str 的字符排列方式。例如：

```
SELECT CHARSET('abc'), COLLATION('abc');
```

执行结果如下所示。

```
+----------------+------------------+
| CHARSET('abc') | COLLATION('abc') |
+----------------+------------------+
| gbk            | gbk_chinese_ci   |
+----------------+------------------+
1 row in set (0.00 sec)
```

4.5.5 其他函数

MySQL 中除了上述内置函数以外，还包含很多函数。例如，格式化函数、对数据进行加密的函数，IP 地址与数字相互转换的函数等等。在表列出了 MySQL 中支持的其他函数。

表 4-12 其它函数

函数	作用
FORMAT(x,y)	把数值格式化，参数 x 是格式化的数据，y 是结果的小数位数
DATE_FORMAT(d,fmt)	格式化日期
TIME_FORMAT(t,fmt)	格式化时间
INET_ATON(IP)	可以将 IP 地址转换为数字表示
INET_NTOA(n)	可以将数字 n 转换成 IP 的形式
PASSWORD(str)	对字符串 str 进行加密。加密后数据不可逆。
MD5(str)	对字符串 str 进行加密。用于对普通数据进行加密。
CAST(x AS type)	将 x 变成 type 类型。
CONVERT(s USING cs)	将字符串 s 的字符集变成 cs

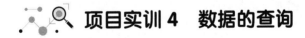

项目实训 4　数据的查询

一、实训目的

1. 掌握 SELECT 语句的基本用法。
2. 掌握条件查询的基本用法。
3. 掌握查询排序、分组基本用法。
4. 掌握查询中聚合函数的使用。
5. 掌握多表连接、子查询的基本用法。
6. 掌握 MySQL 运算符的功能及使用方法。
7. 掌握系统内置函数的功能及使用方法。

二、实训内容

对 library 数据库进行以下查询：

1. SELECT 语句的基本使用。

（1）查询 book 表的书号、书名和借出数量。

（2）用别名查询 book 表的书号、书名和借出数量。

2. 条件查询。

（1）查询类型是"学生"的所有读者的信息。

（2）查询借出时间在 2011 年 3 月 1 日和 2011 年 10 月 1 日之间的图书。

（3）查询借出时间在 2011 年 3 月 1 日之后并且还书时间在 2011 年 10 月 1 日之前的图书。

（4）IN 关键字查询类型是"老师"或"学生"的读者信息。

（5）查询书名包含"程序"的图书信息。

3. 查询排序。

（1）查询借出数量排名前 3 的图书。

（2）按图书借出数量从高到低排序查询，如果借出数量相同，再按价格高低排序。

（3）查找图书表中从第 2 条记录开始的 5 条记录的名称和价格。

4. 分组查询。

（1）按读者类型分组查询借出图书的数量。

（2）查询读者类型是"管理员"的读者借出图书的平均价格。

5. 多表连接查询。

（1）查询读者编号是"0021"的读者借书的信息，包括读者名、图书号、借出时间和归还时间。

（2）查询所有读者的借书信息，包括读者名、图书名、借出时间和归还时间。

6. 子查询。

（1）查询借出数量大于书籍编号为"TP/3452"的借出数量的图书信息。

（2）查询已借了图书的读者信息。

7. 运算符的使用。

（1）使用算术运算符"–"查询最高借阅量与最高借阅量的差值。

（2）使用比较运算符">"查询 book 表中借阅量大于 10 的书籍信息。

（3）使用 RIGHT() 函数返回从字符串"loveMySQL"右边开始的 5 个字符。

（4）查询数据表 bookborrow 中 2011 年的借阅信息。

（5）使用 CONCAT() 函数连接两个字符串。

三、实训小结

数据库的查询是本项目最核心的内容，涉及的知识点较多，查询的方法也很灵活。读者要多加练习。在 MySQL 中包括了 4 类运算符，分别是算术运算符、比较运算符、逻辑运算符、位运算符。前 3 种运算符在实际操作中使用比较频繁才能熟练掌握，系统内置函数通常与

SELECT 语句一起使用，用来方便用户的查询，同时 INSERT、UPDATE、DELETE 语句和条件表达式也可以使用这些函数。

课后习题

一、填空题

（1）算术运算符包括 _____。

（2）使用 _____ 函数，获取当前的 MySQL 数据库的版本。

（3）使用 _____ 函数，可以将字符串进行逆序输出。

（4）使用 _____ 函数，可以将字符串变成小写。

（5）要去掉字符串 "loveChinalove" 起始位置的字符串 "love"，可以使用 _____ 函数，具体语法 _____。

（6）要计算当前日期是本年的第几天，可以使用 _____ 函数，具体语法 _____。

二、选择题

1. 要消除返回结果集中的重复记录，应使用（　　）关键字。
   A. TOP　　　　B. COUNT　　　　C. DISTINCT　　　　D. DESC

2. 下列（　　）函数可以计算平均值。
   A. sum　　　　B. avg　　　　C. count　　　　D. min

3. 下列设置的查询 "工资" 在 1 500 元到 2 000 元之间的准则正确的是（　　）。
   A. >=1500 OR <=2000
   B. 1500 AND 2000
   C. between 1500 and 2000
   D. between >=1500 AND 2000

4. SELECT 语句中与 HAVING 子句同时使用的是（　　）子句。
   A. ORDER BY
   B. WHERE
   C. GROUP BY
   D. 无须配合

5. SELECT * FROM stuinfo WHERE stuNo（　　）（SELECT stuNo FROM stuMarks），括号中应填的字符为（　　）。
   A. <=　　　　B. IN　　　　C. LIKE　　　　D. >=

6. 下面哪个是逻辑运算符的或操作？（　　）。
   A. &　　　　B. ||　　　　C. &&　　　　D. |

7. 下面函数可以进行数据类型转换的是（　　）。
   A. PASSWORD()
   B. LTRIM()
   C. CAST()
   D. ENCODE()

8. 下列哪个函数是用来返回当前登录名的？（　　）
   A. USER()
   B. SHOW USER()
   C. SESSION_USER()
   D. SHOW USERS()

9. 下列哪个函数是用来计算四舍五入的？（　　）

    A. RAND()　　　　　　　　　　　B. REPLACE()

    C. ROUND()　　　　　　　　　　　D. INSERT()

10. 在 SELECT 语句中使用 CEILING（属性名）时，属性名（　　）。

    A. 必须是数值型　　　　　　　　　B. 必须是字符型

    C. 必须是数值型或字符型　　　　　D. 不限制数据类型

11. 已知变量 a="一个坚定的人只会说 yes 不会说 no"，下列截取"yes"的操作正确的语法是（　　）。

    A. RIGHT(LEFT(a,21),4)　　　　　B. LEFT(RIGHT(a,12),3)

    C. RIGHT(LEFT(a,20),3)　　　　　D. SUBSTRING(a,19,3)

三、操作题

对 stucourse 数据库进行以下查询：

1. 查询全体学生的学号、姓名和年龄。

2. 查询选修了课程的学生号。

3. 查询选修课程号'C3'的学号和成绩。

4. 查询成绩高于85分的学生的学号、课程号和成绩。

5. 查询没有选修 C1，也没有选修 C2 的学生学号、课程号和成绩。

6. 查询工资在1 500～2 000之间的教师的教师号、姓名及职称。

7. 查询选修 C1 或 C2 的学生的学号、课程号和成绩。

8. 查询所有姓张的教师的教师号和姓名。

9. 查询姓名中第二个汉字是"力"的教师号和姓名。

10. 查询没有考试成绩的学生的学号和相应的课程号。

11. 查询选修 C1 的学生学号和成绩，并按成绩降序排列。

12. 查询选修 C2、C3、C4 或 C5 课程的学号、课程号和成绩，查询结果按学号升序排列，学号相同再按成绩降序排列。

13. 查询选修 C1 的学生学号和成绩，并显示成绩前3名的学生。

14. 查询计算机系学生的总数。

15. 查询每位学生的学号及其选课的门数。

16. 在分组查询中使用 HAVING 条件，查询平均成绩大于85的学生学号及平均成绩。

17. 查询选课在两门以上且各门课均及格的学生的学号及其总成绩，查询结果按总成绩降序列出。

18. 查询所有选课学生的学号、姓名、选课名称及成绩。

19. 查询选修'C1'课程且成绩在60以上的所有学生的学号、姓名和分数。

20. 查询与李明教师职称相同的教师号、姓名。

21. 查询选修了 C1 或 C2 且分数大于等于85分的学生和学号。

22. 查询工资不在1500~2000之间的教师号、姓名及职称。

23. 从表 bookinfo 中查询书的名称和单价，使书的单价精确个位即可。
24. 使用系统函数编写 T-SQL 语句，查询七月份考试的课程名称和考试时间。
25. 从 bookinfo 表中查询所有的书名，数量以及单价信息，并要求所有书名用大写字母表示。
26. 从 bookinfo 表中查询所有以"Processing"结尾的书名、数量以及单价信息。
27. 从 bookinfo 表中查询所有的书名、单价信息以及将书名中的字符串"Processing"替换为"Pro."后的结果。
28. 由于种种原因，考试时间要推迟一个星期，将四月份考试的科目推迟一个星期。
29. 查询课程名称，当前日期，考试时期和考试日期距当前日期还有多少天，并按剩下天数的多少进行排序。

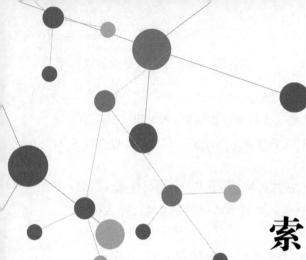

项目 5

索引与视图的设计

📖 学习目标

● 知识目标

1. 了解索引的作用与分类。
2. 掌握索引的创建与操作。
3. 理解视图的概念。
4. 掌握视图数据的操作。

● 能力目标

1. 具备利用索引提高数据库性能的能力。
2. 具备快速数据库表中的特定记录的能力。
3. 能够利用视图和索引更好地操作表数据的能力。

● 素质目标

1. 通过阅读文档、编写程序文档的学习，培养学生热爱科学、实事求是、严肃认真、一丝不苟的工作作风。
2. 能够学会使用规范的文档和手册，提高自我更新知识和技能的能力。

● 素质园地

1. 通过介绍招聘网站上软件公司工程师的招聘条件，让学生了解数据库开发的操作规范的重要性，培养学生的职业素质和道德规范。
2. 分小组探讨软件行业规划解析，通过软件行业发展前景，引发学生对未来的职业愿景、激发学生对社会主义核心价值观的认同感。

📖 项目简介

数据库使用索引可快速访问数据库表中的特定信息，如果要按照某个关键字查找特定列的信息，与必须搜索表中的所有行相比，索引则不必查找所有行，能帮助用户更快速地获得需要的查询信息。数据库视图是被定义后便存储在数据库中，视图的结构和数据是对数据表进行查询的结果。当对通过视图看到的数据进行修改时,相应的基表的数据也会发生变化,同时,若基表的数据发生变化,这种变化也会自动地反映到视图中。项目 5 知识点如图 5-1 所示。

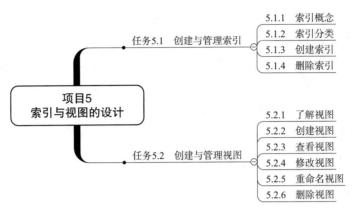

图 5-1　项目 5 知识要点

 单词学习

1. Index 索引
2. Check 检查
3. Unique 唯一
4. Option 选项
5. Clustered 聚集
6. Non clustered 非聚集
7. Spatial 空间
8. Merge 混合
9. Algorithm 运算法则
10. Cascade 相关联

任务 5.1　创建与管理索引

用户对数据库最频繁的操作是进行数据查询。一般情况下,数据库在进行查询操作时,需要对整个表进行数据搜索。当表中的数据量很大时,搜索数据就需要很长的时间,这就造成了服务器的资源浪费,可以利用索引快速访问数据库表中的特定信息。

5.1.1　索引概念

用户通过索引查询数据,不但可以提高查询速度,也可以降低服务器的负载。用户查询数据时,系统可以不必遍历数据表中的所有记录,而是查询索引列。索引就像一本书的目录。而当用户通过目录查询书中内容时。这样就为用户在查询内容过程中,缩短大量的时间,帮助用户有效地提高查找速度。所以,使用索引可以有效提高数据库系统的整体性能。

5.1.2　索引分类

MySQL 中索引可以简单分为普通索引、唯一索引、主键索引和全文索引,具体说明如下:
(1) 普通索引:它是最基本的索引类型,可以加快对数据的访问,该索引没有唯一性限制,也就是索引数据列允许有重复值。

(2)唯一索引:和普通索引类似,但是该索引有个特点,索引数据列中的值必须能出现一次,也就是索引列值要求唯一,需要使用 UNIQUE 关键词。

(3)主键索引:主键索引就是专门为主键字段创建的索引,也属性唯一索引的一种,只是需要使用 PRIMARY KEY 关键词。

(4)全文索引:MySQL 支持全文索引,其类型 FULLTEXT,可以在 VARCHAR 或 TEXT 类型上创建。

由于索引是作用在数据列上的,因此,索引可以是由单列组成,也可以是由多列组成。单列组成的索引称为单列索引,多列组成的索引可以称为组合索引。

5.1.3 创建索引

1. 在建立数据表时创建索引

创建表时可以直接创建索引,这种方式最简单、方便。其基本语法形式如下:

```
CREATE TABLE tb_name
(
 col_name1 data_type,
 col_name2 data_type,
 ...
 [UNIQUE|FULLTEXT|SPATIAL][INDEX|KEY][index_name](col_name[length])[ASC|DESC]
)
```

参数说明如下:

(1)UNIQUE、FULLTEXT 和 SPATIAL 为可选参数,分别表示唯一索引、全文索引和空间索引。

(2)INDEX 和 KEY 为同义词,两者作用相同,用来指定创建索引。

(3)col_name 为需要创建索引的字段列。

(4)index_name 指定索引的名称,为可选参数,如果不指定,MySQL 默认 col_name 为索引值;

(5)length 为可选参数,表示索引的长度,只有字符串类型的字段才能指定索引长度。

(6)ASC 或 DESC 参数用于指定数据表的排序顺序。

【示例 5.1】 在商品表 goods 中的商品编号 gid 字段上建立普通索引。

```
CREATE TABLE goods
(
  gid         char(6)        not null    primary key,
  gname       varchar(50),
  gtypeid     char(2)         references catogory(caid),
  gwriter     varchar(50),
  gpublisher  varchar(50),
  gISBN       varchar(50),
  gprice      double,
  gcount      int,
```

```
    INDEX(gid)
);
```

该语句执行完毕之后,使用 SHOW CREATE TABLE 查看表结构:

```
*************************** 1. row ***************************
       Table: goods
Create Table: CREATE TABLE `goods` (
  `gid` char(6) NOT NULL,
  `gname` varchar(50) DEFAULT NULL,
  `gtypeid` char(2) DEFAULT NULL,
  `gwriter` varchar(50) DEFAULT NULL,
  `gpublisher` varchar(50) DEFAULT NULL,
  `gISBN` varchar(50) DEFAULT NULL,
  `gprice` double DEFAULT NULL,
  `gcount` int(11) DEFAULT NULL,
  PRIMARY KEY (`gid`),
  KEY `gid` (`gid`)
) ENGINE=MyISAM DEFAULT CHARSET=gbk
1 row in set (0.00 sec)
```

由结果可以看到,goods 表的 gid 字段上成功建立索引,其索引名称 gid 为 MySQL 自动添加。

2. 在已建立的数据表中创建索引

在已经存在的表中,可以直接为表上的一个或几个字段创建索引。基本形式如下:

```
CREATE [UNIQUE | FULLTEXT | SPATIAL] INDEX in_name
    ON tb_name( col_name [(length)] [ASC | DESC ]);
```

参数说明如下:

(1) in_name 为索引名称,该参数作用是给用户创建的索引赋予新的名称。

(2) UNIQUE | FULLTEXT | SPATIAL 为可选参数,用于指定索引类型,分别表示唯一索引、全文索引、空间索引。

(3) col_name 表示字段的名称,该字段必须预存在用户想要操作的数据表中,如果该数据表中不存在用户指定的字段,则系统会提示异常。

(4) length 为可选参数,用于指定索引长度。

(5) ASC | DESC 参数用于指定数据表的排序顺序。

【示例 5.2】 在 customers 表的 cid 列上的前 4 个字符建立一个升序索引 xh_cid。

```
CREATE INDEX xh_cid
    ON customers (cid(4) ASC );
```

运行结果显示创建成功后,可以使用 SHOW CREATE TABLE 语句查看表的结构。显示如下所示。

```
*************************** 1. row ***************************
       Table: customers
Create Table: CREATE TABLE `customers` (
  `cid` char(6) NOT NULL,
  `ctruename` varchar(30) NOT NULL,
  `cpassword` varchar(30) NOT NULL,
  `csex` char(2) NOT NULL,
  `caddress` varchar(50) DEFAULT NULL,
  `cmobile` varchar(11) NOT NULL,
  `cemail` varchar(50) DEFAULT NULL,
  `cregisterdate` datetime NOT NULL,
  PRIMARY KEY (`cid`),
  KEY `xh_cid` (`cid`(4))
) ENGINE=MyISAM DEFAULT CHARSET=gbk
1 row in set (0.00 sec)
```

结果可以看到，customers 表中的 cid 字段上创建了一个名为 xh_cid 的索引。这表示使用 CREATE INDEX 语句成功的在 customers 表上创建了普通索引。

5.1.4 删除索引

删除索引是指将表中已经存在的索引删除掉。一些不再使用的索引会占用系统资源，也可能导致更新速度下降，会极大地影响数据表的性能。所以，在用户不需要该表的索引时，可以手动删除指定索引。

对已经存在的索引，可以通过 DROP 语句来删除。基本语法形式如下

```
DROP INDEX in_name ON tb_name;
```

其中，in_name 参数指要删除的索引的名称；tb_name 参数指索引所在的表的名称。

【示例 5.3】 利用 DROP 命令，删除数据表 customers 中的 xh_cid 索引。

```
DROP INDEX xh_cid ON customers;
```

在用户删除索引后，为确定该索引已被删除，用户可以再次应用 SHOW CREATE TABLE 语句来查看数据表结果。

任务 5.2　创建与管理视图

5.2.1 了解视图

1. 视图的概念

视图 (View) 是一个虚拟表，其内容由 SELECT 查询语句指定。同真实的表一样，视图包含一系列带有名称的列和行数据。视图定义后便存储在数据库中，但是，视图并不在数据库中存储数据，这些行和列数据来定义视图的查询所引用的表 (基本表)，并且使用视图时动态生成这些数据。

视图与真正的数据表很类似，也是由一组命名的列和数据行所组成，其内容由查询语句所定义。视图中的行和列都来自于数据表，这些数据表称为视图的基表，视图数据是在视图被引用时动态生成的。使用视图可以集中、简化和定制用户的数据表显示，用户可以通过视图来访问数据，而不必直接去访问该视图的数据表。

2. 视图的作用

使用视图可以为用户带来如下便利：

（1）由于视图只包含定义语句，不包含真实数据，减少了数据的存储空间，方便用户根据不同的业务需求，便利的使用数据。

（2）由于视图可以从不同的数据表组织数据，可以使用复杂的连接查询操作定义视图的数据来源，从而隐藏了表的结构和数据的来源，数据使用时更加安全。

（3）在数据库设计者改变数据库结构时，使用视图能更好地体现数据库逻辑数据独立性强的特征。

3. 视图的特点

（1）优点。

① 数据保密。对不同的用户定义不同的视图，使用户只能看到与自己有关的数据。

② 简化查询操作，为复杂的查询建立一个视图，用户不必键入复杂的查询语句，只需针对此视图做简单的查询即可。

③ 保证数据的逻辑独立性。对于视图的操作（如查询）只依赖于视图的定义。当构成视图的数据表要修改时，只需修改视图定义中的子查询部分。而基于视图的查询不用改变。

（2）缺点。当更新视图中的数据时，实际上是对数据表的数据进行更新。事实上，当从视图中插入或者删除时，情况也是这样。然而，某些视图是不能更新数据的，这些视图有如下的特征：

① 有 UNION 等集合操作符的视图。

② 有 GROUP BY 子句的视图。

③ 有诸如 AVG，SUM 或者 MAX 等函数的视图。

④ 使用 DISTINCT 短语的视图。

⑤ 连接表的视图(其中有一些例外)。

5.2.2 创建视图

创建 MySQL 视图，使用 CREATE VIEW 语句，其语法格式如下：

```
CREATE [OR REPLACE] [ALGORITHM = {UNDEFINED | MERGE | TEMPTABLE}]
    VIEW view_name [(column_list)]
    AS select_statement
    [WITH [CASCADED | LOCAL] CHECK OPTION]
```

若指定 [REPLACE] 参数时，如果存在同名的视图，则覆盖原来的视图。[ALGORITHM] 表示视图选择的算法，UNDEFINED 表示 MySQL 自动选择算法，MERGE 表示将使用视图的语句与视图定义合并，使视图的定义部分取代语句的对应部分，TEMPTABLE 表示将视图的结构保存到临时表，然后使用临时表执行语句。[CASCADED] 表示更新视图时要满足所有相关将视图和表的条件,[LOCAL] 表示更新视图时,要满足该视图本身定义的条件即可,[CHECK OPTION] 则表示表示更新视图时要保证在该视图的权限范围之内。

其中组成视图的列名 (column_name) 要么全部省略要么全部指定，没有第三种选择。如果省略了视图的列名，则隐含该视图由 SELECT_statement 子句中结果集的列名组成。但在下列 3 种情况下必须明确指定组成视图的所有列名：

（1）当视图的列名为表达式或聚合函数的计算结果时，而不是单纯的列名时，则需指明新的列名。在 SELECT_statement 子句中不允许使用 ORDER BY 子句和 DISTINCT 短语，如果需要排序，则可在定义视图后，对视图查询时再进行排序。

（2）视图由多个表连接得到，在不同的表中存在同名列，则需要指定列名；

（3）需要在视图中为某个列启用更合适的名字。

【示例 5.4】 创建视图 v_goods，要显示"图书名""分类名""作者""出版社"和"单价"。

（1）创建视图 v_goods。

```
CREATE VIEW v_goods
AS
SELECT goods.gname AS 图书名, category.caname AS 分类名,
    goods.gwriter AS 作者,    goods.gpublisher AS 出版社,
    goods.gprice AS 单价
FROM goods
INNER JOIN category ON goods.gtypeid = category.caid;
```

（2）查询视图的内容

```
SELECT * FROM v_goods ;
```

执行结果如下所示。

图书名	分类名	作者	出版社	单价
自动控制原理	人工智能	胡寿松	科学出版社	52
走进软件	软件世界	刘一明	科学出版社	30
软件工程导论	软件开发	张海藩	清华大学出版社	35
软件架构设计	软件开发	张海海藩	清华大学出版社	40
游园惊梦	青春游	夏海达明	湖南少儿出版社	24
西藏行	旅游地理	毛明	湖南教育出版社	50
欧洲日记	旅游地理	张玲	湖南教育出版社	60
野外求生宝典	旅游地理	梶原一骑	南海出版社	28
现代遗传学	医学卫生	赵寿元	高等教育出版社	36
高分子物理	自然科学	何曼君	复旦大学出版社	35
算法导论	计算机理论	科曼	机械工业出版社	85

11 rows in set (0.00 sec)

5.2.3 查看视图

1. 查看视图的基本情况

可以使用 SHOW TABLE STATUS 语句查看视图的基本情况。

【示例 5.5】 查看视图名字以 'v_' 开头的视图基本情况。

执行以下语句

```
SHOW TABLE STATUS LIKE 'v_%';
```

得到如下所示的结果。

```
mysql> SHOW TABLE STATUS LIKE 'v_%'\G;
*************************** 1. row ***************************
           Name: v_goods
         Engine: NULL
        Version: NULL
     Row_format: NULL
           Rows: NULL
 Avg_row_length: NULL
    Data_length: NULL
Max_data_length: NULL
   Index_length: NULL
      Data_free: NULL
 Auto_increment: NULL
    Create_time: NULL
    Update_time: NULL
     Check_time: NULL
      Collation: NULL
       Checksum: NULL
 Create_options: NULL
        Comment: VIEW
1 row in set (0.00 sec)
```

2. 查看视图定义

视图被看作一种抽象表，因此显示视图状态的语句与显示表状态的语句相同，可以使用

以下语句来查看视图的定义。

```
SHOW CREATE VIEW 视图名
```

【示例 5.6】 查看视图 v_goods 的定义。

使用以下语句可以查看一个视图的定义。

```
SHOW CREATE VIEW v_goods;
```

得到如下所示的结果。

```
mysql> SHOW CREATE VIEW v_goods \G
*************************** 1. row ***************************
                View: v_goods
         Create View: CREATE ALGORITHM=UNDEFINED DEFINER=`root`@`localhost` SQL SECURITY DEFINER VIEW `v_goods`
书名, category . caname AS 分类名, goods . gwriter AS 作者, goods . gpublisher AS 出版社, goods . gpr
 category on(( goods . gtypeid = category . caid )))
character_set_client: utf8
collation_connection: utf8_general_ci
1 row in set (0.00 sec)
```

3. 查看视图结构定义

还可以使用 DESCRIBE 语句查看视图的结构定义。

【示例 5.7】 查看视图 v_goods 的结构定义

```
DESCRIBE v_goods;
```

结构如下所示。

```
+--------+-------------+------+-----+---------+-------+
| Field  | Type        | Null | Key | Default | Extra |
+--------+-------------+------+-----+---------+-------+
| 图书名 | varchar(50) | YES  |     | NULL    |       |
| 分类名 | varchar(20) | YES  |     | NULL    |       |
| 作者   | varchar(50) | YES  |     | NULL    |       |
| 出版社 | varchar(50) | YES  |     | NULL    |       |
| 单价   | double      | YES  |     | NULL    |       |
+--------+-------------+------+-----+---------+-------+
5 rows in set (0.00 sec)
```

5.2.4 修改视图

使用 ALTER VIEW 语句来修改视图的定义，包括被索引视图，但不影响所依赖的存储过程或触发器。ALTER VIEW 语句的语法如下：

```
ALTER [ALGORITHM = {UNDEFINED | MERGE | TEMPTABLE}]
    VIEW view_name [(column_list)]
    AS select_statement
    [WITH [CASCADED | LOCAL] CHECK OPTION]
```

这里所有的参数都跟创建视图的参数是一样的，不再进行赘述。

【示例 5.8】 修改视图 v_goods，只显示"图书名""分类名""作者"和"单价" 4 个字段。

```
ALTER VIEW v_goods
AS
SELECT goods.gname AS 图书名, category.caname AS 分类名,
       goods.gwriter AS 作者, goods.gprice AS 单价
FROM goods
INNER JOIN category ON goods.gtypeid = category.caid;
```

执行代码后，使用查看视图语句。

```
DESCRIBE v_goods;
```

得到如下所示的结果。

```
mysql> DESCRIBE v_goods;
| Field  | Type        | Null | Key | Default | Extra |
| 图书名  | varchar(50) | YES  |     | NULL    |       |
| 分类名  | varchar(20) | YES  |     | NULL    |       |
| 作者    | varchar(50) | YES  |     | NULL    |       |
| 单价    | double      | YES  |     | NULL    |       |
4 rows in set (0.01 sec)
```

执行之后，原来的视图就变成只有 4 个字段的视图了。

5.2.5　重命名视图

创建视图之后，可以对其重新命名，在 MySQL 中，视图被看作表，所以对视图的重命名，就像对表的重命名一样。其修改命令如下：

```
RENAME TABLE old_name TO new_name 名
```

【示例 5.9】 将视图 v_goods 重命名为 v_goods_1。

```
RENAME TABLE v_goods TO v_goods_1;
```

5.2.6　删除视图

删除视图是指删除数据库中已经存在的视图。删除视图时，只能删除视图的定义，不会删除数据。MySQL 中，使用 DROP VIEW 语句删除视图。但是，用户必须拥有 DROP 权限。

对需要删除的视图，使用 DROP VIEW 语句进行删除，其格式如下。

```
DROP VIEW [IF EXISTS] view_name_list [RESTRICT | CASCADE];
```

其中，IF EXISTS 参数用于判断视图是否存在，如果存在则执行，不存在则不执行；view_name_list 参数表示要删除的视图的名称的列表，各个视图名称之间用逗号隔开。

【示例 5.10】 删除视图 v_goods。

```
DROP VIEW v_goods;
```

 项目实训 5　索引与视图的管理

一、实训目的

1. 掌握创建索引方法。
2. 掌握创建视图方法。

二、实训内容

对 library 数据库进行以下操作：

1. 在 library 数据库中 bookstorage 表上创建索引 IX_bstorage，按照图书条形码 bookbarcode 的降序、入库时间 bookintime 升序排列。

2. 在 library 数据库，使用 CREATE TABLE 语句创建 reader 表，创建表的时候同时创建两个索引，在 readerid 字段上创建名为 index_rid 的唯一索引，并且以降序的形式排列；在 readername 和 readerpass 字段上创建名为 index_user 的多列索引。

3. 视图的使用

（1）创建"自然科学"类书籍的视图 v_bt_book。

（2）向（1）中的视图插入一条"自然科学"类的书籍，并使用查询语句验证插入情况。

（3）使用 Check Option 选项修改（1）中的视图。

（4）向（3）中的视图插入另一条"自然科学"类的书籍，并观察插入结果。

（5）将该视图进行改名为 v_bt_book_1。

（6）删除 v_bt_book_1 视图。

三、实训小结

本章重点讲述了索引和视图的创建、使用、修改和删除操作；索引可以提高数据查询的效率，同时维护索引需要大量的空间和时间消耗。在创建视图和修改视图后，一定要查看视图的结构，以确保创建和修改的操作是否正确。

课后习题

一、选择题

1. 以下关于索引的说法正确的是（　　）。

    A. 一个表上只能建立一个唯一索引

    B. 一个表上可以建立多个聚集索引

    C. 索引可以提高数据查询效率

    D. 只有表的所有者才能创建表的索引

2. 下列（　　）数据不适合创建索引。

    A. 经常被查询搜索的列，如经常在 WHERE 子句中出现的列

    B. 是外键或主键的列

    C. 包含太多重复选用值的列

    D. 在 ORDER BY 子句中使用的列

3. 在视图上不能完成的操作是（　　）。

    A. 更新视图　　　　　　　　　　B. 查询

    C. 在视图上定义新的表　　　　　D. 在视图上定义新的视图

4. SQL 语言中，删除一个视图的命令是（　　）。

    A. DELETE　　　B. DROP　　　C. CLEAR　　　D. REMOVE

二、操作题

对 stucourse 数据库进行以下操作：

1. 在 stucourse 数据库中创建新视图 v_score_avg。要求计算每个同学选课成绩的平均分。

2. 在 stucourse 数据库中使用 CREATE INDEX 语句为表 stu 创建一个非聚集索引，索引字段 s_name，索引名为 IX_STUDENT_name。

3. 在 stucourse 数据库中为表 courseinfo 创建一个复合索引，按照 cname 为降序，ctest 为升序进行排序。

项目 6

存储过程的规划与设计

📖 学习目标

● **知识目标**

1. 掌握存储过程的创建和调用。
2. 掌握如何通过语句查看存储过程。
3. 掌握自定义函数的创建语法。
4. 掌握存储过程的删除。

● **能力目标**

1. 具备 MySQL 数据库过程式存储对象的能力。
2. 具备区分自定义函数和内部函数的能力。
3. 具备对数据库数据的动态管理的能力。
4. 具备实现复杂查询功能的存储过程的能力。

● **素质目标**

1. 培养学生自主学习能力，引导学生学会学习，教师在课前发布学习任务，学生根据各自特点选取与存储过程相关的资源，采用观看视频或动画的方式，开展个性化自主学习并完成测试。

2. 培养学生发散思维和聚合思维。教师讲解存储过程的创建过程，也是学生的发散思维和聚合思维形成过程，在已学数据查询的基础上，进行自定义函数的设计分析，进而创新设计数据查询程序，培养学生的创新思维。

● **素质园地**

1. 通过穿插讲解软件开发岗位的实践思维方式和核心理念，结合数据库专业课程的具体案例实践演练，让学生清楚意识到实践思维的重要性。

2. 要求学生课后反思回顾，记录软件开发岗位的专业及能力要求，进一步思考如何完善岗位职责、优化工作进度,并在今后的学习生活中努力践行,进一步提高自己的思想觉悟。

项目简介

存储过程是在数据库中定义一些 SQL 语句的集合,然后直接调用这些存储过程执行已经定义好的 SQL 语句。存储过程可以避免开发人员重复编写相同的 SQL 语句。而且,存储过程是在 MySQL 服务器中存储和执行的,可以减少客户端和服务器的数据传输。本项目主要介绍如何创建存储过程以及变量的使用,如何调用、查看、修改、删除存储过程等。项目 6 知识要点如图 6-1 所示。

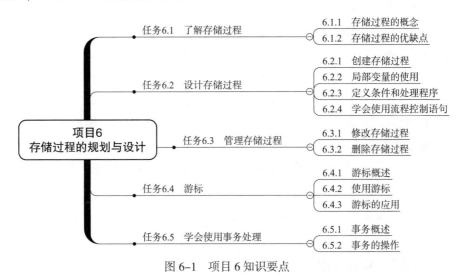

图 6-1　项目 6 知识要点

单词学习

1. Stored Procedure 存储过程
2. Parameter 参数
3. Declare 声明
4. Default 默认
5. Return 返回
6. Output 输出
7. Input 输入
8. Call 执行
9. Cursor 光标
10. Handle 操纵

任务 6.1　了解存储过程

6.1.1　存储过程的概念

存储过程(Stored Procedure)是一组为了完成特定功能的 SQL 语句集,经编译后以一个名称存储在数据库中,存储过程避免开发人员重复地编写相同的 SQL 语句,而且存储过程是在 MySQL 服务器中存储和执行的，可以减少客户端和服务器端的数据传输。

调用一个行数不多的存储过程与直接调用 SQL 语句的网络通信量可能不会有很大的差别，可是如果存储过程包含上百行 SQL 语句，那么其性能要比一条一条的调用 SQL 语句要高得多，并且执行速度更快，因为在存储过程创建的时候，数据库已经对其进行了一次解析和优化，存储过程一旦执行，在内存中就会保留这个存储过程，这样下次再执行同样的存储过程时，可以从内存中直接调用。

6.1.2 存储过程的优缺点

1. 存储过程的优点

（1）存储过程只在创造时进行编译，以后每次执行存储过程都无须再重新编译，而一般 SQL 语句每执行一次就编译一次，所以使用存储过程可提高数据库执行速度。

（2）当对数据库进行复杂操作时（如对多个表进行增加、删除、修改、查询操作时），可将此复杂操作用存储过程封装起来，与数据库提供的事务处理结合一起使用。

（3）存储过程可以重复使用，可减少数据库开发人员的工作量。

（4）安全性高，可设定只有某用户才具有对指定存储过程的使用权。

2. 存储过程的缺点

（1）由于存储过程将应用程序绑定到 MySQL，因此使用存储过程封装业务逻辑将限制应用程序的可移植性。

（2）如果需要更新程序集中的代码以添加参数、更新调用等，这个时候就需要修改存储过程，过程会比较烦琐。

6.1.3 存储过程参数介绍

存储过程可以接收输入参数，并把参数返回给调用方。不过，对于每个参数，需要声明其参数名、数据类型，还要指定此参数是用于向过程传递信息，还是从过程传回信息，或是二者兼有。表示参数传递信息的 3 个关键字的作用如表 6-1 所示。

表 6-1 存储过程参数方向

参数关键字	含义	备注
IN	只用来向过程传递信息，为默认值	默认值
OUT	只用来从过程传回信息	
INOUT	可以向过程传递信息，如果值改变，则可再从过程外调用	

如果仅仅想把数据传给 MySQL 存储过程，那就使用"IN"类型参数；如果仅仅从 MySQL 存储过程返回值，那就使用"OUT"类型参数；如果需要把数据传给 MySQL 存储过程，还要经过一些计算后再传回，此时，要使用"INOUT"类型参数。

对于任何声明为 OUT 或 INOUT 的参数，当调用存储过程时需要在参数名前加上 @ 符号，这样该参数就可以在过程外调用了。

任务 6.2 设计存储过程

6.2.1 创建存储过程

1. 使用 T-SQL 语句创建存储过程

创建存储过程可以使用 CREATE PROCEDURE 语句。简单的存储过程语法结构如下：

```
CREATE PROCEDURE sp_name( [ [IN | OUT | INOUT] param_name type[,…] ] )
body
```

参数说明如下：

（1）CREATE PROCEDURE：用来创建存储过程的关键词。

（2）sp_name：存储过程的名称。

（3）IN | OUT | INOUT：参数的类型，IN 为输入参数，OUT 为输出参数，INOUT 既可以表示输入参数也表示输出参数。

（4）param_name：参数的名称。

（5）type：参数类型，该类型可以是 MySQL 数据库中的任意类型。

（6）body：存储过程体，可以用 BEGIN…END 来表示 SQL 代码的开始和结束。

在 MySQL 中，默认的语句结束符为分号";"，服务器处理语句的时候是以分号为结束标志的。但是在创建存储过程的时候，存储过程体中可能包含多个 SQL 语句，每个 SQL 语句都是以分号为结尾的，这时服务器处理程序的时候遇到第一个分号就会认为程序结束，所以为了避免冲突，使用"DELIMITER $$"命令改变存储过程的结束符，并以"END$$"结束存储过程。存储过程定义完毕之后再使用"DELIMITER ;"恢复默认结束符。

2. 调用存储过程

MySQL 中使用 CALL 语句来调用存储过程。调用存储过程后，数据库系统将执行存储过程中的语句，然后将结果返回给输出值。

存储过程是通过 CALL 语句来进行调用的。语法格式如下：

```
CALL sp_name([parameter[,…]]);
```

其中，sp_name 是存储过程的名称；parameter 是存储过程的参数。

【示例 6.1】 创建一个无参数的存储过程 goods_info，查找所有图书的书名、作者、出版社和 ISBN，并且调用该存储过程，查看输出结果。

（1）创建存储过程 goods_info。

```
DELIMITER $$
CREATE PROCEDURE goods_Info ()
BEGIN
    SELECT gname,gwriter,gpublisher,gISBN
    FROM goods;
END$$
DELIMITER ;
```

（2）调用存储过程 goods_info。

```
CALL goods_info();
```

输出结果如下所示。

```
+----------------+------------+-------------------+---------------+
| gname          | gwriter    | gpublisher        | gISBN         |
+----------------+------------+-------------------+---------------+
| 算法导论       | 科曼       | 机械工业出版社    | 9787111187712 |
| 自动控制原理   | 胡寿松     | 科学出版社        | 9787030189654 |
| 走进软件世界   | 刘一明     | 科学出版社        | 9787030189609 |
| 软件架构设计   | 张海潘     | 清华大学出版社    | 9787302164748 |
| 软件工程导论   | 张海潘     | 清华大学出版社    | 9787302164745 |
| 游园惊梦       | 夏达明     | 湖南少儿出版社    | 9787535838823 |
| 西藏行         | 毛毛       | 湖南教育出版社    | 9787224240342 |
| 欧洲日记       | 张明       | 湖南教育出版社    | 9787224240341 |
| 现代遗传学     | 赵寿元     | 高等教育出版社    | 9787040239737 |
| 野外求生宝典   | 槻原玲     | 南海出版社        | 9787544240345 |
| 高分子物理     | 何曼君     | 复旦大学出版社    | 9787309054145 |
+----------------+------------+-------------------+---------------+
11 rows in set (0.04 sec)
```

【示例 6.2】 创建一个带有输入参数的存储过程 pro_querybygoodid，查找指定书籍编号（030003）的书名、作者、出版社和 ISBN，并且调用该存储过程，查看输出结果。

（1）创建存储过程 pro_querybygoodid。

```
DELIMITER $$
CREATE PROCEDURE pro_querybygoodid(IN id CHAR(6))
BEGIN
    SELECT gname,gwriter,gpublisher,gISBN
    FROM goods
    WHERE gid = id;
END$$
DELIMITER ;
```

（2）调用存储过程 pro_querybygoodid。

```
CALL pro_querybygoodid('030003');
```

输出结果如下所示。

```
+--------+---------+-------------------+---------------+
| gname  | gwriter | gpublisher        | gISBN         |
+--------+---------+-------------------+---------------+
| 西藏行 | 毛毛    | 湖南教育出版社    | 9787224240342 |
+--------+---------+-------------------+---------------+
1 row in set (0.00 sec)
```

3. 使用输出参数

在存储过程中的参数如果指明 OUT 关键字，表示在执行该存储过程时，可以通过该输出参数得到返回值。在调用该存储过程时，输出参数也必须加上 OUTPUT 关键字。

【示例 6.3】 创建一个带有输入和输出参数的存储过程 pro_countbytypeid，计算指定书籍分类编号（03）的图书总数量，并且调用该存储过程，查看输出结果。

（1）创建存储过程 pro_countbytypeid。

```
DELIMITER $$
CREATE PROCEDURE pro_countbytypeid(IN t_id CHAR(2),OUT number INT)
BEGIN
    SELECT COUNT(gtypeid) INTO number
    FROM goods
    WHERE gtypeid = t_id;
END$$
DELIMITER ;
```

（2）调用存储过程 pro_countbytypeid。

```
CALL pro_countbytypeid('03',@number);
SELECT @number;
```

输出结果如下所示。

```
+---------+
| @number |
+---------+
|       3 |
+---------+
1 row in set (0.00 sec)
```

4. 查看存储过程信息

（1）查看存储过程状态信息的基本语句格式如下：

```
SHOW PROCEDURE STATUS [LIKE 'pattern'];
```

其中，参数 [LIKE 'pattern'] 表示查询的存储过程名称。

【示例 6.4】 查看存储过程 goods_Info 的基本信息。

```
SHOW PROCEDURE STATUS LIKE 'goods_info';
```

输出结果如下所示。

```
mysql> SHOW PROCEDURE STATUS LIKE 'goods_info'\G
*************************** 1. row ***************************
                  Db: bookshop
                Name: goods_info
                Type: PROCEDURE
             Definer: root@localhost
            Modified: 2016-11-17 05:08:02
             Created: 2016-11-17 05:08:02
       Security_type: DEFINER
             Comment:
character_set_client: gbk
collation_connection: gbk_chinese_ci
  Database Collation: utf8_general_ci
1 row in set (0.06 sec)
```

在语句后面加上"\G"，显示的信息会比较有条理。

（2）查看存储过程定义信息的基本语句格式如下：

```
SHOW CREATE PROCEDURE proc_name;
```

其中，参数 proc_name 表示查询的存储过程名称。

【示例 6.5】 查看存储过程 goods_info 的定义信息。

```
SHOW CREATE PROCEDURE goods_info;
```

输出结果如下所示。

```
mysql> SHOW CREATE PROCEDURE goods_info \G
*************************** 1. row ***************************
           Procedure: goods_info
            sql_mode: NO_AUTO_CREATE_USER,NO_ENGINE_SUBSTITUTION
    Create Procedure: CREATE DEFINER=`root`@`localhost` PROCEDURE `goods_info`()
begin
select gname,gwriter,gpublisher,gISBN from goods;
end
character_set_client: gbk
collation_connection: gbk_chinese_ci
  Database Collation: utf8_general_ci
1 row in set (0.00 sec)
```

6.2.2 局部变量的使用

变量是一种语言中必不可少的组成部分，它是在语句之间传递数据的方式之一。用户可以使用 DECLARE 关键字来定义局部变量。在声明局部变量的同时也可以对其赋一个初始值。

这些局部变量的作用范围局限在 BEGIN…END 程序段中。

1. 定义局变变量

DECLARE 语法格式如下：

```
DECLARE var_name [,…] type [DEFAULT value];
```

其中，DECLARE 关键字是用来声明变量的；var_name 参数是变量的名称，这里可以同时定义多个变量；type 参数用来指定变量的类型；DEFAULT value 子句将变量默认值设置为 value，没有使用 DEFAULT 子句时，默认值为 NULL。

2. 为局部变量赋值

定义局部变量之后，为变量赋值可以改变变量的默认值，MySQL 中可以使用 SET 关键字来为变量赋值。SET 语句的基本语法如下：

```
SET var_name=expr [, var_name=expr]…;
```

【示例 6.6】 创建一个名为 city 的局部变量，并在 SELECT 语句中使用该局部变量来查找位于广州市的所有顾客的编号和名字。

```
DELIMITER $$
CREATE PROCEDURE setvalue()
BEGIN
  DECLARE city VARCHAR(50);
  SET city = '广州市';
  SELECT cid,ctruename
  FROM customers
  WHERE caddress LIKE CONCAT('%',city,'%');
  END$$
DELIMITER ;
```

在本示例中，采用 SET 语句将值"广州市"赋给变量 city，查询时使用变量 city。

提示：字符串与变量的连接用 concat() 函数，因此，LIKE 后面的查询值不能写成 "%@city%"。

3. SELECT…INTO 语句

MySQL 中还可以使用 SELECT…INTO 语句为一个或多个变量赋值。其基本语法格式如下：

```
SELECT col_name[,…] INTO var_name[,…]
       FROM tb_name WHERE condition
```

其中，col_name 参数表示查询的字段名称；var_name 参数是变量的名称；tb_name 参数指表的名称；condition 参数指查询条件。

【示例 6.7】 查找书名为"欧洲日记"的作者，并将作者名保存在变量中。

```
DELIMITER $$
CREATE PROCEDURE selectvalue()
BEGIN
  DECLARE writer VARCHAR(50);
  SELECT gwriter INTO writer
  FROM goods
  WHERE gname='欧洲日记';
```

```
END$$
DELIMITER ;
```

在本示例中，首先用 SELECT 语句查找书名是"欧洲日记"的记录，然后将作者名赋给变量 writer。

6.2.3 定义条件和处理程序

定义条件和处理程序是事先定义程序执行过程中可能遇到的问题。并且可以在处理程序中定义解决这些问题的办法。这种方式可以提前预测可能出现的问题，并提出解决办法。这样可以增强程序处理问题的能力，避免程序异常停止。

1. 定义条件

MySQL 中可以使用 DECLARE 关键字来定义条件。其基本语法如下：

```
DECLARE condition_name CONDITION FOR condition_type
condition_type:
SQLSTATE [VALUE] sqlstate_value | mysql_error_code
```

其中，condition_name 参数表示条件的名称；condition_type 参数表示条件的类型；sqlstate_value 参数和 mysql_error_code 参数都可以表示 MySQL 的错误。例如 ERROR 1146 (42S02) 中，sqlstate_value 值是 42S02，mysql_error_code 值是 1146。

【示例 6.8】下面定义"ERROR 1146 (42S02)"这个错误，名称为 not_find。可以用两种不同的方法来定义，代码如下：

```
//方法一：使用 sqlstate_value
DECLARE  not_find CONDITION FOR SQLSTATE  '42S02';
//方法二：使用 mysql_error_code
DECLARE  not_find CONDITION FOR  1146;
```

2. 定义处理程序

MySQL 中可以使用 DECLARE 关键字来定义处理程序。其基本语法如下：

```
DECLARE handler_type HANDLER FOR
condition_value[,...] sp_statement
handler_type:
CONTINUE | EXIT | UNDO
condition_value:
 |sqlstate_value
 |condition_name
 |SQLWARNING
 |NOT FOUND
 |SQLEXCEPTION
 |mysql_error_code
```

其中，handler_type 参数指明错误的处理方式，该参数有 3 个取值。这 3 个取值分别是 CONTINUE、EXIT 和 UNDO。CONTINUE 表示遇到错误不进行处理，继续向下执行；EXIT 表示遇到错误后马上退出；UNDO 表示遇到错误后撤回之前的操作，MySQL 中暂时还不支持这种处理方式。

condition_value 参数指明错误类型，该参数有 6 个取值。

（1）sqlstate_value 是长度为 5 的字符串类型错误代码。

（2）condition_name 是 DECLARE 定义的错误条件名称。

（3）SQLWARNING 表示所有以 01 开头的 sqlstate_value 值。

（4）NOT FOUND 表示所有以 02 开头的 sqlstate_value 值。

（5）SQLEXCEPTION 表示所有没有被 SQLWARNING 或 NOT FOUND 捕获的 sqlstate_value 值。

（6）mysql_error_code 是数值类型错误代码。

【示例 6.9】下面是定义处理程序的几种方式。代码如下：

```
//方法一：捕获 sqlstate_value
DECLARE CONTINUE HANDLER FOR SQLSTATE '42S02'
SET @info='CAN NOT FIND';

//方法二：捕获 mysql_error_code
DECLARE CONTINUE HANDLER FOR 1146 SET @info='CAN NOT FIND';
//方法三：先定义条件，然后调用
DECLARE  can_not_find  CONDITION  FOR  1146;
DECLARE CONTINUE HANDLER FOR can_not_find SET
@info='CAN NOT FIND';

//方法四：使用 SQLWARNING
DECLARE EXIT HANDLER FOR SQLWARNING SET @info='ERROR';

//方法五：使用 NOT FOUND
DECLARE EXIT HANDLER FOR NOT FOUND SET @info='CAN NOT FIND';
//方法六：使用 SQLEXCEPTION
DECLARE EXIT HANDLER FOR SQLEXCEPTION SET @info='ERROR';
```

上述代码是 6 种定义处理程序的方法。

第一种方法是捕获 sqlstate_value 值。如果遇到 sqlstate_value 值为 42S02，执行 CONTINUE 操作，并且输出 "CAN NOT FIND" 信息。

第二种方法是捕获 mysql_error_code 值。如果遇到 mysql_error_code 值为 1146，执行 CONTINUE 操作，并且输出 "CAN NOT FIND" 信息。

第三种方法是先定义条件，然后再调用条件。这里先定义 can_not_find 条件，遇到 1146 错误就执行 CONTINUE 操作。

第四种方法是使用 SQLWARNING。SQLWARNING 捕获所有以 01 开头的 sqlstate_value 值，然后执行 EXIT 操作，并且输出 "ERROR" 信息。

第五种方法是使用 NOT FOUND。NOT FOUND 捕获所有以 02 开头的 sqlstate_value 值，然后执行 EXIT 操作，并且输出 "CAN NOT FIND" 信息。

第六种方法是使用 SQLEXCEPTION。SQLEXCEPTION 捕获所有没有被 SQLWARNING 或 NOT FOUND 捕获的 sqlstate_value 值，然后执行 EXIT 操作，并且输出 "ERROR" 信息。

6.2.4 学会使用流程控制语句

存储过程体可以使用各种流程控制语句。MySQL 常用的流程控制语句包括：IF 语句、WHILE 语句、LOOP 语句、REPEAT 语句、CASE 语句、LEAVE 语句和 ITERATE 语句。

1. IF ELSE 语句

IF…ELSE 语句是条件判断语句，如果满足条件，则在 IF 关键字及其条件之后执行 T-SQL 语句，否则，执行 ELSE 关键字后的 T-SQL 语句。其中，ELSE 关键字是可选的。其语法如下：

```
IF expr_condition THEN statement_list
    [ELSEIF expr_condition THEN statement_list]…
    [ELSE statement_list]
END IF
```

可以在其他 IF 之后或在 ELSE 下面，嵌套另一个 IF 语句。

【示例 6.10】 统计某天的订单数，如果订单数量大于 10，则显示"业绩不错"，否则显示"业绩很糟糕"。

```
DELIMITER $$
CREATE PROCEDURE ordernumbers()
BEGIN
  DECLARE ordernumber INT;
  SELECT COUNT(*) INTO ordernumber FROM Orders  WHERE odate='2011-6-5';
  IF ordernumber>10 THEN
      SELECT CONCAT('今天业绩不错,共下了 ',ordernumber,'个订单') 业绩;
  ELSE
      SELECT  CONCAT('今天业绩很糟糕,才下了 ',ordernumber,'个订单') 业绩;
  END IF;
END$$
DELIMITER;
```

本示例中，通过 IF 语句判断某天订单的数量范围来确定业绩的好坏，运行结果如下所示。

```
| 业绩                              |
| 今天业绩很糟糕,才下了3个订单        |
1 row in set (0.00 sec)
```

2. WHILE 语句

WHILE 循环语句可以根据某些条件重复执行一条 SQL 语句或一个语句块。只要指定的条件为真，就重复执行语句。可以使用 BREAK 和 CONTINUE 关键字在循环内部控制 WHILE 循环中语句的执行。其语法格式如下：

```
WHILE expr_condition DO
   statement_list
END WHILE
```

BREAK 导致从最内层的 WHILE 循环中退出。将执行出现在 END 关键字（循环结束的标记）后面的任何语句。CONTINUE 使 WHILE 循环重新开始执行，忽略 CONTINUE 关键字后面的任何语句。

【示例 6.11】 如果书籍的平均价格小于 50 元，则 WHILE 循环将价格加 2，最后显示加价后的书籍信息。

```
DELIMITER $$
CREATE PROCEDURE updateprice()
BEGIN
  WHILE(SELECT AVG(gprice) FROM goods)< 50
  DO
    UPDATE goods SET gprice = gprice+ 2;
  END WHILE;
END $$
DELIMITER ;
```

本示例中，循环条件是书籍的平均价格小于 50 元，运行结果如下所示。

```
mysql> SELECT AVG(gprice) FROM goods;
+------------------+
| AVG(gprice)      |
+------------------+
| 43.18181818181818|
+------------------+
1 row in set (0.00 sec)
mysql> CALL updateprice();
Query OK, 11 rows affected (0.00 sec)
mysql> SELECT AVG(gprice) FROM goods;
+------------------+
| AVG(gprice)      |
+------------------+
| 51.18181818181818|
+------------------+
1 row in set (0.00 sec)
```

3. LOOP 循环控制语句

LOOP 语句可以使某些特定的语句重复执行，实现一个简单的循环。但是 LOOP 语句本身没有停止循环的语句，必须遇到 LEAVE 或者 ITERATE 语句跳出循环。LEAVE 语句主要用于跳出循环控制。ITERATE 语句也用来跳出循环，但是 ITERATE 语句是跳出本次循环，然后直接进入下一次循环。

LOOP 语句基本语法格式如下：

```
[begin_label:]LOOP
statement_list
END LOOP [end_label]
```

其中，begin_label 和 end_label 参数分别表示循环开始和结束的标志，这两个标志必须相同，而且都可以省略；statement_list 参数表示需要循环执行的语句。

【示例 6.12】 在存储过程中使用 LOOP 循环语句。

```
DELIMITER $$
CREATE PROCEDURE looptest()
BEGIN
  DECLARE x INT DEFAULT 0;
  loop_label:LOOP
    SET x=x+1;
    IF x<10 THEN ITERATE loop_label;
    END IF;
    IF x>20 THEN LEAVE loop_label;
    END IF;
```

```
    END LOOP loop_label;
END $$
DELIMITER;
```

该示例 x=0，如果 x 的值小于 10 时，重复执行 x 加 1 操作；当 x 大于 20 时，退出循环。

4. REPEAT 语句

REPEAT 语句是有条件控制的循环语句。当满足特定条件时，就会跳出循环语句。REPEAT 语句的基本语法格式如下：

```
[begin_label:] REPEAT
    statement_list
    UNTIL expr_condition
END REPEAT [end_label]
```

其中，begin_label 和 end_label 参数为标注名称，可以省略；REPEAT 语句内的语句或语句群被重复，直至 expr_condition 为真。

【示例 6.13】 在存储过程中使用 REPEAT 语句。

```
DELIMITER $$
CREATE PROCEDURE sumResult(a int)
BEGIN
        DECLARE sum int DEFAULT 0;
        DECLARE i int DEFAULT 1;
        REPEAT
            SET sum=sum+i;
            SET i=i+1;
        UNTIL i>a END REPEAT;
        SELECT sum;
END $$
DELIMITER;
```

该示例循环执行求 1 到 a 的和。当 i 小于 a 时，循环重复执行；当 i 大于 a 时，使用 END REPEAT 退出循环。

5. CASE 表达式

CASE 表达式可以计算多个条件表达式，并返回符合条件的结果表达式。CASE 表达式有两种格式：

```
CASE 简单表达式 /*将某个表达式与一组简单表达式进行比较以确定结果*/
CASE 搜索表达式 /*计算一组布尔表达式以确定结果*/
```

允许有效表达式的任何语句或子句中使用 CASE。例如，可以在 SELECT、UPDATE、DELETE 和 SET 等语句以及 select_list、IN、WHERE、ORDER BY 和 HAVING 等子句中使用 CASE。

（1）CASE 简单表达式。语法格式如下：

语法：

```
CASE case_expr
   WHEN when_value THEN statement_list
   [WHEN when_value THEN statement_list]…
   [ELSE statement_list]
   END
```

CASE 简单表达式的工作方式如下：将输入表达式与每个 WHEN 子句中的简单表达式进行比较，以确定它们是否相等。如果这些表达式相等，将返回 THEN 子句中的结果表达式。表达式计算结果都不为 TRUE，则返回 ELSE 子句后的结果表达式；若没有指定 ELSE 子句，则返回 NULL 值。

【示例 6.14】 使用 CASE 表达式更改书籍系列类别的显示，以使这些类别更易于理解。

```
SELECT   gid AS 商品编号,gname AS 商品名称,
   CASE gtypeid
     WHEN '01' THEN '自然科学'
     WHEN '02' THEN '医学卫生'
     WHEN '03' THEN '旅游地理'
     WHEN '04' THEN '青春文学'
     WHEN '05' THEN '软件开发'
     WHEN '06' THEN '人工智能'
     WHEN '07' THEN '计算机理论'
     WHEN '08' THEN '电子电工电信'
     WHEN '09' THEN '临床医学'
     WHEN '10' THEN '工业技术'
   ELSE '其他类别'
   END AS 类别
FROM Goods
ORDER BY gid;
```

本示例中，书籍类型（gtypeid）有具体的值，所以 WHEN 子句后面只需列出其值就可以了。运行结果如下所示。

商品编号	商品名称	类别
010001	高分子物理	自然科学
020001	现代遗传学	医学卫生
030001	野外求生宝典	旅游地理
030002	欧洲日记	旅游地理
030003	西藏行	旅游地理
040001	游园惊梦	青春文学
050001	软件工程导论	软件开发
050002	软件架构设计	软件开发
050003	走进软件世界	软件开发
060001	自动控制原理	人工智能
070001	算法导论	计算机理论

11 rows in set (0.00 sec)

（2）CASE 搜索表达式。语法格式如下：

```
CASE
  WHEN expr_condition THEN statement_list
    [WHEN expr_condition THEN statement_list]…
    [ELSE statement_list]
END
```

CASE 搜索表达式的工作方式如下：按指定顺序对每个 WHEN 子句的布尔表达式进行计算，返回布尔表达式的第一个计算结果为 TRUE 的结果表达式。如果布尔表达式计算结果不为 TRUE，则返回 ELSE 子句后的结果表达式；若没有指定 ELSE 子句，则返回 NULL 值。

在 SELECT 语句中，CASE 搜索表达式允许根据比较值替换结果集中的值。

【示例 6.15】 根据书籍的价格范围将标价显示为不同等级。

```
SELECT   gid AS 书籍编号,gname AS 书籍名称,gprice AS 价格,
  CASE
    WHEN GPrice < 20 THEN '低价书籍'
    WHEN GPrice >= 20 AND GPrice <50 THEN '较低价书籍'
    WHEN GPrice >= 50 AND GPrice < 100 THEN '较贵书籍'
    ELSE '昂贵书籍'
  END AS 等级
FROM goods
ORDER BY gid;
```

本示例中,因为价格是在某个范围中,而不是具体的值,所以 WHEN 子句后面必须采用表达式来判断价格的范围。运行结果如下所示。

书籍编号	书籍名称	价格	等级
010001	高分子物理	43	较低价书籍
020001	现代遗传学	44	较低价书籍
030001	野外求生宝典	36	较低价书籍
030002	欧洲日记	68	较贵书籍
030003	西藏行	58	较贵书籍
040001	游园惊梦	32	较低价书籍
050001	软件工程导论	43	较低价书籍
050002	软件架构设计	48	较低价书籍
050003	走进软件世界	38	较低价书籍
060001	自动控制原理	60	较贵书籍
070001	算法导论	93	较贵书籍

11 rows in set (0.00 sec)

6. ITERATE 语句和 LEAVE 语句

ITERATE 语句将执行顺序转到语句段的开头,语句的基本格式如下:

```
ITERATE label
```

ITERATE 只可以出现在 LOOP、REPEAT 和 WHILE 语句内。ITERATE 的意思为"再次循环",label 参数表示循环的标志。ITERATE 语句必须写在循环标志的前面。

LEAVE 语句用来退出任何被标注的流程控制结构,LEAVE 语句的基本语法格式如下:

```
LEAVE label
```

【示例 6.16】 ITERATE 语句和 LEAVE 语句示例。

```
DELIMITER $$
CREATE PROCEDURE  itave()
BEGIN
  DECLARE t1 INT DEFAULT 10;
  t_loop:LOOP
    SET t1=t1+1;
    IF t1<20 THEN ITERATE t_loop;
    ELSEIF t1>30 THEN LEAVE t_loop;
    END IF;
    SELECT  't1 is between 20 and 30';
  END LOOP t_loop;
END$$
DELIMITER ;
```

运行结果如下所示。

```
| t1 is between 20 and 30 |
| t1 is between 20 and 30 |
1 row in set (0.00 sec)
| t1 is between 20 and 30 |
```

t1 的默认值是 10，如果 t1 的值小于 20 时，重复执行 t1 加 1 的操作；当 t1 大于 20 并且小于 30 时，打印消息 t1 is between 20 and 30；当 t1 大于 30 时，退出循环。

任务 6.3 管理存储过程

6.3.1 修改存储过程

修改存储过程是指修改已经定义好的存储过程。MySQL 中通过 ALTER PROCEDURE 语句来修改存储过程。具体的语法格式如下：

```
ALTER PROCEDURE sp_name [characteristic …]
```

其中，characteristic 为：

```
{CONTAINS SQL | NO SQL | READS SQL DATA | MODIFIES SQL DATA }
| SQL SECURITY | {DEFINER | INVOKER }
| COMMENT 'string'
```

参数说明如表 6-2 所示。

表 6-2 参数列表

参　　数	说　　明
sp_name	存储过程的名称
characteristic	存储过程创建时的特性
CONTAINS SQL	表示子程序包含 SQL 语句，但不包含读写数据的语句
NO SQL	表示子程序中不包含 SQL 语句
READS SQL DATA	表示子程序包含读数据的语句
MODIFIES SQL DATA	表示子程序包含写数据的语句
SQL SECURITY	{DEFINER	INVOKER }	指明权限执行。DEFINER 表示只有定义者才能执行；INVOKER 表示调用者可以执行。
COMMENT 'string'	是注释信息

【示例 6.17】 修改存储过程 pro_querybygoodid 的定义，将读 / 写权限改为 MODIFIES SQL DATA，并指明调用者可以执行。

```
ALTER PROCEDURE pro_querybygoodid
MODIFIES SQL DATA
SQL SECURITY INVOKER;
```

6.3.2 删除存储过程

删除存储过程是指删除数据库已经存在的存储过程。MySQL 中使用 DROP PROCEDURE 语句来删除存储过程，在删除之前，必须确认该存储过程是否存在，以免发生错误。

删除存储过程的语法如下：
```
DROP PROCEDURE [IF EXISTS] sp_name;
```
其中 sp_name 参数表示存储过程的名称；IF EXISTS 是 MySQL 的扩展，判断存储过程是否存在。

【示例 6.18】 删除名称为 pro_querybygoodid 的存储过程。
```
DROP PROCEDURE pro_querybygoodid;
```

任务 6.4 游　　标

6.4.1 游标概述

数据库开发人员在编写存储过程（或者函数）等程序时，有时需要存储过程中的 MySQL 代码扫描 SELECT 结果集中的数据，并对结果集中的每条记录进行简单处理，通过 MySQL 的游标机制可以解决此类问题。

标本质上是一种能从 SELECT 结果集中每次提取一条记录的机制，因此游标与 SELECT 语句息息相关。现实生活中，在电话簿中寻找某个人的电话号码时，可能会用"手"一条一条逐行扫过，以帮助我们找到所需的那个号码，对应于数据库来说，这就是游标的模型：电话簿类似于查询结果集，手类似于数据库中的游标。

查询语句可能会返回多条记录，如果数据量非常大，需要在存储过程和存储函数中使用游标来逐行读取查询结果集中的记录，本任务主要介绍如何声明、打开、使用和关闭游标。

6.4.2 使用游标

1. 声明游标

在 MySQL 中使用 DECLARE 关键字来声明游标，其语法的形式如下：
```
DECLARE cursor_name  CURSOR FOR select_statement
```
其中，cursor_name 参数表示游标的名称；select_statement 参数表示 SELECT 语句的内容，返回一个用于创建游标的结果集。这个语句声明一个游标。也可以在子程序中定义多个游标，一个块中的每一个游标必须命名唯一。声明游标后也是单条操作的。

2. 打开游标

```
OPEN cursor_name
```
这个语句打开先前声明的游标。

3. 使用游标

```
FETCH cursor_name INTO var_name [, var_name] ...{参数名称}
```
其中，cursor_name 参数表示游标的名称；var_name 参数表示将游标中的 SELECT 语句查询出来的信息存入该参数中，var_name 必须声明游标之前就定义好。这个语句用指定的打开游标读取下一行（如果有下一行的话），并且前进游标指针至该行。

4. 关闭游标

```
CLOSE cursor_name
```

关闭游标的作用在于释放游标打开时产生的结果集,从而节省 MySQL 服务器的内存空间。如果游标未被明确地关闭,就会在声明的复合语句的末尾被关闭。注意,用完后必须关闭。

6.4.3 游标的应用

【示例 6.19】 在商品表 goods 中,统计商品分类编号为"05"的书籍数量的总和。

```
DELIMITER  $$
CREATE PROCEDURE countcategory()
BEGIN
 /* 创建接收游标数据的变量 */
 DECLARE   c int;
 DECLARE   n varchar(20);
 /* 创建总数变量 */
 DECLARE   total int default 0;
 /* 创建结束标志变量 */
 DECLARE   done int default false;
 /* 创建游标 */
 DECLARE cur cursor for SELECT gname,gnumber FROM  goods WHERE gtypeid='05';
 /* 指定游标循环结束时的返回值 */
 DECLARE continue HANDLER for not found set done = true;
 /* 设置初始值 */
 set total = 0;
 /* 打开游标 */
 OPEN   cur;
 /* 开始循环游标里的数据 */
 read_loop:loop
 /* 根据游标当前指向的一条数据 */
 FETCH cur INTO n,c;
 /* 判断游标的循环是否结束 */
 IF done THEN
    LEAVE read_loop;     /* 跳出游标循环 */
 END IF;
 /* 获取一条数据时,将 count 值进行累加操作,这里可以做任意你想做的操作 */
  SET total = total + c;
 /* 结束游标循环 */
 END  LOOP;
 /* 关闭游标 */
 CLOSE cur;
   SELECT total;
END$$
DELIMITER$$
```

调用存储过程验证结果。

```
CALL countcategory;
```

运行结果如下所示。

```
+-------+
| total |
+-------+
|   600 |
+-------+
1 row in set (0.00 sec)
```

任务 6.5　学会使用事务处理

6.5.1　事务概述

事务是单个的工作单元。如果某一事务成功，则在该事务中进行的所有数据修改均会提交，成为数据库中的永久组成部分。如果事务遇到错误且必须取消或回滚，则所有数据修改均被清除。因此事务是一个不可分割的工作逻辑单元，在数据库系统上执行并发操作时事务是作为最小的控制单元来使用的。它包含的所有数据库操作命令作为一个整体一起向系统提交或撤销，这一组数据库操作命令要么都执行，要么都不执行。它特别适用于多用户同时操作的数据库系统，例如，航空公司的订票系统，银行、保险公司及证券交易系统等。例如，用户经常用到的银行转账操作。转账程序一般分为 4 个步骤，如图 6-13 所示。

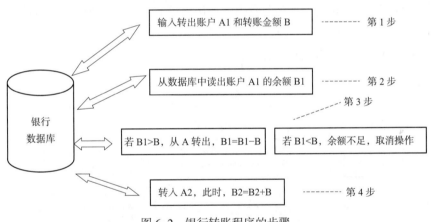

图 6-2　银行转账程序的步骤

假设上述操作每执行　步，均对数据库完成操作。那么，转账程序执行到第 3 步时，若 B1>B，则银行数据库中，B1 的值设置为 B1-B，即将金额 B 转出。而后执行第 4 步。假设在执行第 4 步的时候，由于硬件故障而突然中断了与银行数据库的连接，那么第 4 步就无法执行，也就是说，账户 A2 的金额并没有发生改变，这样就造成了转账前后银行数据库的总金额不一致的情况。显然，这种情况是不允许发生的。如何解决这个问题呢？这就需要用到事务（Transaction），我们将上述的数据库操作放在一个事务中，所有这些操作步骤，要么都执行，要么都不执行。应用事务可以保证数据库的一致性和可恢复性。

事务是作为单个逻辑工作单元来执行的一系列操作。一个逻辑工作单元必须有 4 个属性，即原子性（Atomicity）、一致性（Consistency）、隔离性（Isolation）及持久性（Durability），这些特性通常简称为 ACID。

（1）原子性（Atomicity）：事务中的所有元素作为一个整体提交或回滚，事务的各元素是不可分的，事务是一个完整操作。

（2）一致性（Consistency）：事物完成时，数据必须是一致的，也就是说，在事物开始之前，数据存储中的数据处于一致状态。在正在进行的事务中，数据可能处于不一致的状态，例如，数据可能有部分修改。然而，当事务成功完成时，数据必须再次回到已知的一致状态。通过事务对数据所做的修改不能损坏数据。

（3）隔离性（Isolation）：对数据进行修改的多个事务是彼此隔离的。这表明事务必须是独立的，不应该以任何方式影响其他事务。修改数据的事务可以在另一个使用相同数据的事务开始之前访问这些数据，或者在另一个使用相同数据的事务结束之后访问这些数据。另外，当事务修改数据时，如果任何其他进程正在同时使用相同是数据，则直到该事务成功提交之后，对数据的修改才能生效。

（4）持久性（Durability）：事务完成之后，它对于系统的影响是永久的，该修改即使出现系统故障也将一直保留。

6.5.2 事务的操作

事务是由一组 SQL 语句构成的，它由一个用户输入，并以修改成持久的或者滚回到原来状态而终结。

在 MySQL 中，典型事务的执行流程如下：

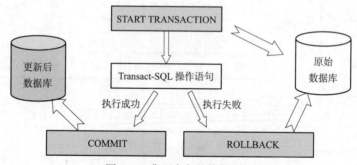

图 6-3 典型事务的执行流程

事务的开始与结束可以由用户显式控制。如果用户没有显式地定义事务，则由 DBMS 按照默认规则自动划分事务。在 MySQL 系统中，定义事务的语句主要有下列 3 条：START TRANSACTION、COMMIT 和 ROLLBACK。

1. 开始事务

当一个应用程序的第 1 条 SQL 语句或者在 COMMIT 或 ROLLBACK 语句后的第 1 条 SQL 语句执行后，一个新的事务也就开始了。另外还可以使用 START TRANSACTION 语句来显式地启动一个事务。其语法格式如下：

```
START TRANSACTION | BEGIN WORK;
```

BEGIN WORK 语句可以替代 START TRANSACTION 语句，但是 START TRANSACTION

语句更常用些。

2. 结束事务

COMMIT 语句是提交语句，它使得自从事务开始以来所执行的所有数据修改成为数据库的永久部分，也标志一个事务的结束，其格式如下：

```
COMMIT  [WORK]  [AND [NO] CHAIN]  [[NO] RELEASE]
```

可选的 AND CHAIN 子句会在当前事务结束时，立刻启动一个新事务，并且新事务与刚结束的事务有相同的隔离等级。RELEASE 子句在终止了当时前事务后，让服务器断开与当前客户端的连接。包含 NO 关键语可以抑制 CHAIN 或 RELEASE 完成。

下面的这些 MySQL 语句运行时都会隐式地执行一个 COMMIT 命令。

- DROP DATABASE / DROP TABLE
- CREATE INDEX / DROP INDEX
- ALTER TABLE /RENAME TABLE
- LOCK TABLES / UNLOCK TABLES
- SET @@AUTOCOMMIT=1

3. 撤销事务

ROLLBACK 语句是撤销语句，它撤销事务所做的修改，并结束当前事务。其格式如下：

```
ROLLBACK  [WORK]  [AND [NO ] CHAIN]  [[NO] RELEASE]
```

4. 回滚事务

除了撤销整个事务，用户还可以使用 ROLLBACK TO 语句使事务回滚到某个点，在这之前需要使用 SAVEPOINT 语句来设置一个保存点。SAVEPOINT 语句的语法格式如下：

```
SAVEPOINT identifier;
```

其中 identifier 为保存点。ROLLBACK TO SAVEPOINT 语句会向已命名的保存点回滚一个事务。如果在保存点被设置后，当前事务对数据进行了更改，则这些更改会在回滚中被撤销。语法格式如下：

```
RELEASE SAVEPOINT identifier;
```

下面语句说明了有关事务的处理过程：

```
START TRANSACTION
UPDATE…
DELETE…
SAVEPOINT S1;
DELETE…
ROLLBACK WORK TO SAVEPOINT S1;
INSERT…
COMMIT WORL;
```

在以上语句中，第 1 行语句开始了一个事务；第 2 行和第 3 行语句对数据进行了修改，但没有提交；第 4 行设置了一个保存点；第 5 行删除了数据，但没有提交；第 6 行将事务回滚到保存点 S1，这时第 5 行所做的修改被撤销了；第 7 行修改了数据；第 8 行结束该事务，这里第 2 行、第 3 行和第 7 行对数据库做的修改被持久化。

【示例 6.20】 修改书籍表 goods 的某一本书籍的图书类型，如果修改的图书类型已存在于图书分类表则提交事务，修改一个不存在的图书类型则回滚事务。

```sql
DELIMITER$$
CREATE PROCEDURE upcid(in gtid char(2))
BEGIN
DECLARE cid char(2);
START TRANSACTION;
    UPDATE goods SET gtypeid=gtid WHERE gid='010001';
    SELECT caid INTO cid FROM category WHERE caid=gtid;
IF cid=gtid THEN
    SELECT CONCAT(gtid,'修改成功,提交事务!') ;
    COMMIT ;
ELSE
    SELECT CONCAT(gtid,'修改失败,回滚事务!') ;
    ROLLBACK;
END IF;
END$$
DELIMITER;
```

本案例中，在修改书籍表的书籍类型时开始一个事务，由于书籍表和书籍类型表有主外键约束关系，替换书籍类型"11"并不存在，所以修改语句会出错，则修改不能完成，事务回滚到修改前的状态。运行结果如下所示。

```
+----------------------+
| 修改失败,回滚事务!   |
+----------------------+
| 修改失败,回滚事务!   |
+----------------------+
1 row in set (0.00 sec)
```

如果将替换书籍类型改为"10"，则修改成功，提交事务。运行结果如下所示。

```
+----------------------+
| 修改成功,提交事务!   |
+----------------------+
| 修改成功,提交事务!   |
+----------------------+
1 row in set (0.00 sec)
```

项目实训 6　创建存储过程

一、实训目的

1. 掌握存储过程的功能和作用。
2. 掌握用户自定义存储过程的创建方法，包括不带参数的和带返回值参数的。
3. 掌握存储过程的几种调用方法。

二、实训内容

对 library 数据库进行以下操作：

1. 变量的使用。创建一个名为 publisher 的出版社变量，并在 SELECT 语句中使用该局部变量查找 Book 表中的所有该出版社的图书。

2. 流程控制语句。

（1）判断读者表 Reader 中是否存在编号为"0018"的读者，如果存在则显示该读者的信息，否则显示"没有此读者！"。

（2）使用 CASE 表达式更改读者类型的显示：类型 1、2、3、4 的读者分别显示为学生、教师、管理员和职工。

（3）现将图书馆的图书打折处理：循环将图书价格减 2，直到图书的最低价格小于或等于 5 元，显示打折后的图书信息。

3. 在 library 数据库中创建一个带有参数的存储过程 bookinfo，根据不同的图书编号查询该图书在图书馆共有几本图书上架，并执行该存储过程。

4. 在 library 数据库中创建一个带有参数的存储过程 readborrowed，根据读者编号查询该读者的借阅情况，并执行该存储过程。

5. 在 library 数据库中创建一个带有输出参数的存储过程 sumbybooktype，根据图书类型编号查询该类型的图书共有多少本，并执行该存储过程。

6. 修改图片表 book 的书籍类型，如果存在此图书类型则修改成功，提交事务，否则回滚事务。

三、实训小结

存储过程可以封装 SQL 代码，通过本项目学习，能够创建存储过程，实现一些复杂的业务逻辑，并能够正确调用存储过程，并且可以通过存储过程的输出参数输出结果。希望读者通过练习加深对存储过程的理解，提高运用能力。

课后习题

一、选择题

1. 在 MySQL 中创建存储过程，以下正确的是（　　）。
   A. CREATE PROCEDURE　　　　B. CREATE FUNCTION
   C. CRAFTE DATABASE　　　　D. CREATE TABLE

2. 修改存储过程使用的语句是（　　）。
   A. ALTER PROCEDURE　　　　B. DROP PROCEDURE
   C. INSERT PROCEDUE　　　　D. DELETE PROCEDUE

3. 删除存储过程使用的语句是（　　）。
   A. ALTER PROCEDURE　　　　B. DROP PROCEDURE
   C. INSERT PROCEDUE　　　　D. DELETE PROCEDUE

4. 对数据库的修改必须遵循的规则是：要么全部完成，要么全不修改。这点可以认为是事务的（　　）特性。
   A. 一改性　　　B. 持久性　　　C. 原子性　　　D. 隔离性

5. 给变量赋值时，如果数据来源于表的某一列，应采用（　　）方式。

　　A. SELECT　　　　B. Print　　　C. SET　　　D. 以上都对

二、操作题

对 stucourse 数据库进行以下操作：

1. 在 SC 表中，查询学号为 1001 的学生的最低分。如果成绩大于 90 分，显示"成绩优秀"；如果成绩大于 60 分，显示"成绩合格"；否则显示"不合格"。

2. 在 courseinfo 表里增加学分列（credit），并用表中的学分列插入数据。输出 C1 课的学分信息（学分在 2 和 3 之间、学分大于 4 及学分小于 1 的信息）。

3. 调整课程的学分，对学分为 2 的调整为 3，对学分为 1 的调整为 2，其他的学分调整为 1。

4. 事务的使用。在 SC 表中，学号为"1001"学生的平均成绩如果小于 75，则该学生的每门成绩以 5% 的比例提高，当平均成绩大于等于 75，或者所有课程都及格时，终止操作。

5. 游标的使用。某一选修课程考试结束后，教师录入学生的成绩后，出于某些原因（如试卷本身可能存在缺陷），老师需要将该课程所有的学生成绩加 5 分（但是总分不能超过 100 分），修改后的成绩如果介于 55 分~59 分之间，将这些学生的成绩修改为 60 分。

项目 7

触发器的规划与设计

学习目标

● 知识目标

1. 掌握存触发器的创建和调用。
2. 掌握触发器的删除过程。
3. 了解触发器的使用以及应用。

● 能力目标

1. 具备 MySQL 数据库过程式存储对象的能力。
2. 具备对数据库数据的动态管理的能力。
3. 具备实现复杂查询功能的触发器的能力。

● 素质目标

1. 布置课前预习学习任务，指导学生以团队的方式讨论 MySQL 触发器在查询过程中带来的简便，重点引导在大规模数据中使用触发器的效率问题，为课堂教学打下基础，应用翻转课堂教学法激发学生学习的积极性，从而培养团队合作意识、创新精神。

2. 小组汇报课前学习成果，由此创设学习情境，在这个过程中，学生可以借助数据分析图表展示网上书城销售情况，这既开拓了学生的视野，也培养了实事求是的工作态度，并提升了学生的研究能力。

● 素质园地

1. 引导学生组建项目小组，在组建过程中，思考：学生思考如何进行团队技能互补，如何协调工作任务？

2. 再次优化课上完成的触发器设计方案，培养学生精益求精的工匠精神。引出另一个专业性问题，布置课后小组团队作业。

项目简介

数据库触发器是一种特殊的存储过程,它在插入、删除或修改特定表中的数据时触发执行,它比数据库本身标准的功能拥有更强大的数据控制能力。数据库触发器可以实现一般的约束无法完成的复杂约束,从而实现更为复杂的完整性要求。使用触发器并不存在严格的限定,只要用户想在无人工参与的情况下完成一般的定义约束不可以完成的约束,来保证数据库完整性,那么就可以使用触发器。项目 7 知识要点如图 7-1 所示。

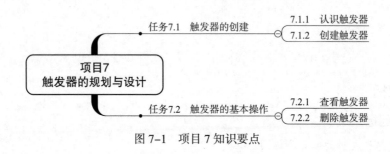

图 7-1 项目 7 知识要点

单词学习

1. Trigger:触发器
2. DML:数据操作语言
3. DDL:数据定义语言
4. Encryption:加密
5. Even:事件
6. Routine:程序
7. Schema:概要
8. Collation:核对

任务 7.1 触发器的创建

7.1.1 认识触发器

触发器(trigger)是特殊的存储过程,基于一个表创建。一般的存储过程通过存储过程名称被直接调用,而触发器主要是通过当某个事件发生时自动被触发执行的。当触发器所保护的数据发生变化后,自动运行以保证数据的完整性和正确性。当创建数据库对象或在数据表中插入记录、修改记录或者删除记录时,MySQL 就会自动执行触发器所定义的 SQL 语句,从而确保对数据的处理必须符合由这些 SQL 语句所定义的规则。

一张表中只能有一种触发时间的一种类型的触发器,最多一张表能有 6 个触发器。

7.1.2 创建触发器

创建触发器的基本语法形式如下:

```
CREATE TRIGGER trigger _name BEFORE | AFTER trigger_even ON 表名
FOR EACH ROW
BEGIN
routine_body
END
```

其中：

● trigger _name 是触发器的名称。

● BEFORE | AFTER：参数指定触发器执行的时间，"BEFORE"指在触发事件之前执行触发语句，"AFTER"表示触发事件之后执行触发语句。

● trigger_even：参数指触发的条件，包括 INSERT、UPDATE 和 DELETE 操作。

● 表名：参数指触发事件操作的表的名称。

● FOR EACH ROW：表示任何一条记录上的操作满足触发事件都会触发该触发器。

在触发器内，往往需要对修改前后的值进行跟踪，比较，而激活触发器的语句可能已经修改、删除或添加了新的列名，而列的旧名同时存在，因此必须用这样的语法来标志："NEW.colunm_name"或者"OLD.colunm_name"。"NEW.colunm_name"用来引用新行的一列，"OLD.colunm_name"用来引用更新或删除它之前的已有行的一列。关于如何在触发器中引用行的值的问题，请参考表 7-1。

表 7-1 在触发器中引用行值

触发事件	引用对象	表示方法	举例（以表 Tb_newstype 为例）
Insert	新增的行	NEW.colunm_name	NEW. gname：表示新增行中"gname"列的值
Delete	删除的行	OLD.colunm_name	OLD. gname：表示删除行中"gname"列的值
Update	更新前的行	OLD.colunm_name	OLD. gname：表示更新前"gname"列的值
	更新后的行	NEW.colunm_name	NEW. gname：表示更新后"gname"列的值

【示例 7.1】 创建插入触发器，当每生成一个订单，意味着商品的库存要减少。

```
DELIMITER $$
CREATE TRIGGER orderdetails_insert AFTER INSERT ON orderdetails
FOR EACH ROW
BEGIN
    UPDATE goods SET gcount = gcount - NEW. odnumber WHERE gid = NEW. gid;
END$$
DELIMITER;
```

验证触发器的功能，向 orderdetails 里插入一条新的数据：

```
INSERT INTO orderdetails values ('11','2011109201131','010001','35','20');
```

使用 SELECT 语句查看 goods 表中 '010001' 这个商品的数量情况：

```
SELECT * FROM goods WHERE gid='010001';
```

【示例 7.2】 创建更新触发器，当更新表 comment 中的评论时，同时将 comment 表中的时间设置为当前时间。

```
DELIMITER $$
CREATE TRIGGER comment_update BEFORE UPDATE ON comment
FOR EACH ROW
BEGIN
      SET NEW. cmdate = NOW();
END$$
DELIMITER;
```

验证触发器的功能,向 comment 里更新一条新的数据:

```
UPDATE comment SET cmtitle='值得推荐' WHERE cmbookid='010001'
                                and cmcommenderid = 'c0001';
```

使用 SELECT 语句查看 comment 表中 '010001' 这个商品的评论时间:

```
SELECT * FROM comment WHERE cmbookid='010001'
```

【示例 7.3】 创建删除触发器,当删除表 goods 中的某个商品时,同时将 comment 表中与该商品的评论有关的数据全部删除。

```
DELIMITER $$
CREATE TRIGGER goods_delete AFTER DELETE ON goods
FOR EACH ROW
BEGIN
  DELETE FROM comment WHERE cmbookid=OLD. gid;
END$$
DELIMITER ;
```

现在验证触发器的功能:

```
DELETE FROM goods WHERE gid= '010001';
```

使用 SELECT 语句查看 comment 表中的情况:

```
SELECT * FROM comment
            and cmcommenderid = 'c0001';
```

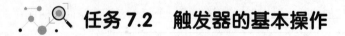 任务 7.2 触发器的基本操作

7.2.1 查看触发器

查看触发器是指查看数据库中已存在的触发器的定义、状态、语法信息等。本节将介绍两种查看触发器的方法,分别用 SHOW TRIGGERS 语句查看和在 triggers 表中查看触发器信息。

1. 用 SHOW TRIGGERS 语句查看触发器信息

查看触发器的语法如下:

```
SHOW TRIGGERS;
```

【示例 7.4】 查看 bookshop 数据库中的触发器。

```
SHOW TRIGGERS \G;
```

执行代码如下所示。

```
mysql> SHOW TRIGGERS \G;
*************************** 1. row ***************************
             Trigger: comment_update
               Event: UPDATE
               Table: comment
           Statement: BEGIN
SET NEW.cmdate = NOW();
    END
              Timing: BEFORE
             Created: NULL
            sql_mode: NO_AUTO_CREATE_USER,NO_ENGINE_SUBSTITUTION
             Definer: root@localhost
character_set_client: gbk
collation_connection: gbk_chinese_ci
  Database Collation: gbk_chinese_ci
*************************** 2. row ***************************
             Trigger: goods_delete
               Event: DELETE
               Table: goods
           Statement: BEGIN
  DELETE FROM comment WHERE cmbookid=OLD.gid;
END
              Timing: AFTER
             Created: NULL
            sql_mode: NO_AUTO_CREATE_USER,NO_ENGINE_SUBSTITUTION
             Definer: root@localhost
character_set_client: gbk
collation_connection: gbk_chinese_ci
  Database Collation: gbk_chinese_ci
*************************** 3. row ***************************
             Trigger: orderdetails_insert
               Event: INSERT
               Table: orderdetails
           Statement: BEGIN
    UPDATE goods SET gcount = gcount - NEW.odnumber WHERE gid = NEW.gid;
END
              Timing: AFTER
             Created: NULL
            sql_mode: NO_AUTO_CREATE_USER,NO_ENGINE_SUBSTITUTION
             Definer: root@localhost
character_set_client: gbk
collation_connection: gbk_chinese_ci
  Database Collation: gbk_chinese_ci
```

Trigger 表示触发器的名称；Event 表示激活触发器的事件，这里的触发事件为插入操作 INSERT、更新操作 UPDATE 或删除操作 DELETE；Table 表示激活触发器的对象表；Timing 表示触发器触发的时间，指的是操作之前或操作之后；Statement 表示触发器执行的操作，还有一些其他信息，比如 SQL 模式，触发器的定义账户和字符集等。

2. 在 triggers 表中查看触发器信息

在 MySQL 中，所有触发器的定义都存在于 INFORMATION_SCHEMA 数据库的 TRIGGERS 表中，可以通过查询命令 SELECT 来查看。具体的语法如下：

```
SELECT * FROM INFORMATION_SCHEMA.TRIGGERS WHERE condition;
```

【示例 7.5】 在 TRIGGERS 表中查看【示例 7.2】创建的 comment_update 触发器信息。

```
SELECT *
FROM INFORMATION_SCHEMA.TRIGGERS
WHERE trigger_name='comment_update' \G;
```

执行结果如下所示。

```
*************************** 1. row ***************************
           TRIGGER_CATALOG: def
            TRIGGER_SCHEMA: bookshop
              TRIGGER_NAME: comment_update
        EVENT_MANIPULATION: UPDATE
      EVENT_OBJECT_CATALOG: def
       EVENT_OBJECT_SCHEMA: bookshop
        EVENT_OBJECT_TABLE: comment
              ACTION_ORDER: 0
          ACTION_CONDITION: NULL
          ACTION_STATEMENT: BEGIN
SET NEW. cmdate = NOW();
    END
        ACTION_ORIENTATION: ROW
             ACTION_TIMING: BEFORE
 ACTION_REFERENCE_OLD_TABLE: NULL
 ACTION_REFERENCE_NEW_TABLE: NULL
   ACTION_REFERENCE_OLD_ROW: OLD
   ACTION_REFERENCE_NEW_ROW: NEW
                   CREATED: NULL
                  SQL_MODE: NO_AUTO_CREATE_USER,NO_ENGINE_SUBSTITUTION
                   DEFINER: root@localhost
      CHARACTER_SET_CLIENT: gbk
      COLLATION_CONNECTION: gbk_chinese_ci
        DATABASE_COLLATION: gbk_chinese_ci
1 row in set (0.05 sec)
```

7.2.2 删除触发器

使用 DROP TRIGGER 语句可以删除 MySQL 中定义的触发器，删除触发器语句的基本语法格式如下：

```
DROP TRIGGER [db_name.]trigger_name;
```

其中，db_name 是数据库的名称，是可选的。如果省略了数据库，将从当前数据库中舍弃触发程序。trigger_name 是要删除的触发器的名称。

【示例 7.6】 删除在【示例 7.3】中创建的 goods_delete 触发器。

```
DROP TRIGGER bookshop.goods_delete;
```

上面的代码中，bookshop 是触发器所在的数据库，goods_delete 是触发器的名称。代码执行如下所示。

```
mysql> DROP TRIGGER bookshop.goods_delete;
Query OK, 0 rows affected (0.00 sec)
```

项目实训 7 操作触发器

1. 实训目的

（1）掌握触发器的功能和作用。

（2）掌握触发器的创建和管理方法。

（3）掌握触发器的工作原理和一些业务应用。

2. 实训内容

对 library 数据库进行以下操作：

（1）在 library 数据库中，创建基于表 bookstorage 的触发器，当在 bookstorage 中执行

DELETE 操作时，如果该书被借出则不允许删除此条记录。

（2）在 library 数据库中，为表 bookborrow 中添加借阅信息记录时，得到该书的应还日期。

（3）在 library 数据库中，当读者续借时，实际上要修改表 bookborrow 中相应记录还期列的值，请计算出是否过期，如果过期则不允许续借。

3. 实训小结

本章介绍了触发器的创建和管理方法，在使用触发器时需要注意，对于相同的表，相同的事件只能创建一个触发器。触发器定义之后，每次执行触发事件，都会激活触发器并执行触发器中的语句。如果需求发生变化，而触发器没有进行相应的改变或者删除，则触发器仍然会执行旧的语句，从而会影响新数据的完整性。因此，要将不再使用的触发器及时删除。

课后习题

一、选择题

1. 触发器是响应以下语句而自动执行的一条或一组 MySQL 语句是（　　）。
   A. INSERT　　　　　　　　　　B. SELECT
   C. DELETE　　　　　　　　　　D. UPDATE
2. 在 INSERT 触发器中，可以引用一个名为（　　）的虚拟表，访问被插入的行。
   A. NEW　　　B. OLD　　　C. TEMP　　　D. INSERT
3. 在 DELETE 触发器中，可以引用一个名为（　　）的虚拟表，访问被删除的行。
   A. NEW　　　B. OLD　　　C. TEMP　　　D. INSERT

二、操作题

对 stucourse 数据库进行以下操作：

1. 在 stucourse 数据库中创建一个的触发器，该触发器不允许的 courseinfo 表中的 cname 列进行更新。

2. 在 stucourse 数据库中创建一个触发器，当学生选课时，计算已选的课程门数，超过 5 门不允许进行选课操作。

项目 8
数据库的日常管理与维护

学习目标

● 知识目标

1. 了解 MySQL 数据库数据备份和还原的应用。
2. 熟练使用 BACKUP TABLE 语句的使用。
3. 掌握数据的导入和导出操作。

● 能力目标

1. 具备能够解决数据库崩溃时的数据恢复的能力。
2. 具备能够根据需求备份和还原指定数据的能力。
3. 能够使用命令 实现数据备份和还原的能力。
4. 学会使用其他工具备份数据。

● 素质目标

1. 引导学生对所学内容进行个人反思，乐于向他人学习，以便更好地开展学习和了解自身，识别和探究出"自我效能"等多种策略，妥善处理变化、挑战和逆境，并对这些策略进行反思。

2. 通过对数据库的备份与恢复这一内容的学习，增强学生岗位职责意识，从价值观念上爱岗，有良好的运维能力和职业品德，通过小组分工合作，形成团队合精神。

● 素质园地

1. 引导学生了解数据的运维之道，以及除运维之处的其他相关的职业素养。

2. 在教师讲解数据库备份与维护过程中，通过对网上书城项目的备份与维护操作，激起学生的维护好数据的欲望。鼓励学生自主探究。感受数据的重要性以及恢复数据的成就感。

项目简介

数据库的日常管理与维护工作是必不可少的，也是至关重要的。为了保证数据的安全，需要定期对数据进行备份。如果数据库中的数据丢失或者出现错误，可以使用备份的数据进行还原，这样就尽可能降低了意外原因导致的损失。MySQL 提供了多种方法对数据进行备份和还原。本项目将实现数据库常用的管理与维护工作，包括数据库的备份与还原、数据的导入与导出等。项目 8 知识要点如图 8-1 所示。

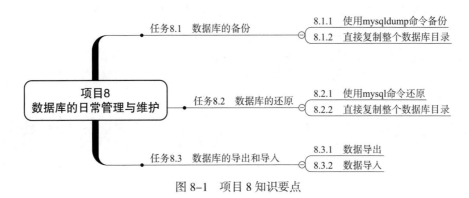

图 8-1　项目 8 知识要点

单词学习

1. Backup 备份
2. Restore 还原
3. Recovery 覆盖
4. Log 日志
5. Dump 扔弃
6. Source 来源
7. Escape 规避
8. Vertical 垂直

任务 8.1　数据库的备份

尽管数据库系统采取了各种保护措施来防止数据库的安全性和完整性被破坏，保证事务的正确执行，但是计算机的硬件故障、软件错误、操作员的失误以及恶意的破坏仍是不可避免的。这些故障轻则造成运行事务非正常中断，影响数据库中数据的正确性，重则破坏数据库，使数据库中全部或部分数据丢失。因此数据库管理的一个重要方面就是要对数据库进行备份，在必要时进行还原。规划良好的备份和还原策略有助于防止数据库因各种故障而造成数据丢失，有效地应对灾难。

8.1.1　使用 mysqldump 命令备份

mysqldump 是 MySQL 提供的一个非常有用的数据库备份工具。mysqldump 命令执行时，可以将数据库备份成一个文本文件，该文件中实际上包含了多个 CREATE 和 INSERT 语句，使用这些语句可以重新创建表和插入数据。

1. 使用 mysqldump 备份单个数据库

使用 mysqldump 备份数据库中的某个表的语法如下：

```
mysqldump -u user -p db_name tb_name1 tb_name2…>filename.sql;
```

参数说明如下：

（1）user、password 表示用户名称和密码。

（2）db_name 参数表示数据库的名称。

（3）tb_name1、tb_name2 参数表示表的名称，没有该参数时将备份整个数据库。

（4）右箭头符号">"表示将备份数据表的定义和数据写入备份文件。

（5）filename.sql 参数表示备份文件的名称。

【示例 8.1】 使用 root 用户备份 bookshop 数据库下的 customers 表。

```
mysqldump -u root -p bookshop customers>D:\backup_customers.sql
```

在 DOS 窗口输入代码，结果显示如下所示。

```
C:\Users\mmc>mysqldump -u root -p bookshop customers>D:\backup_customers.sql
Enter password: ****
```

命令执行完成后，可以在 D:\backup_customers.sql 目录下找到备份文件，如图 8-2 所示。

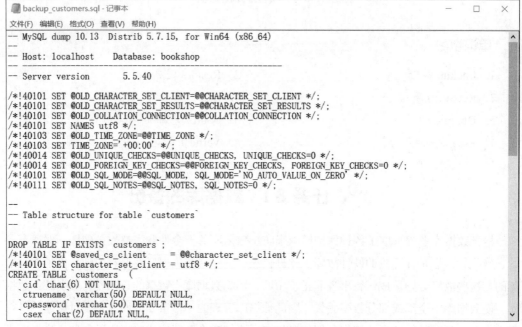

图 8-2 备份文件

【示例 8.2】 使用 mysqldump 命令备份数据库 bookshop 中的所有表。

```
mysqldump -u root -p bookshop >D:\backup_bookshop.sql
```

输入密码之后，MySQL 便对数据库所有数据表进行备份。

2. 使用 mysqldump 备份多个数据库

如果要使用 mysqldump 备份多个数据库，需要使用 --databases 参数。备份多个数据库的语法格式如下：

```
mysqldump -u user -p --databases [dbname,[ dbname…]] >filename.sql;
```

使用 --databases 参数之后，必须指定至少一个数据库的名称，多个数据库名称之间用空格隔开。

【示例 8.3】 使用 mysqldump 备份 bookshop 和 library 数据库。

```
mysqldump -u root -p --databases bookshop library > D:\backup_file.sql
```

该语句创建名称为 backup_file.sql 的备份文件，文件中包含了创建 bookshop 和 library 两个数据库所必需的所有语句。

另外，使用 --all--databases 参数可以备份系统中所有的数据库，语法格式如下：

```
mysqldump -u user -p --all--databases >filename.sql;
```

使用 --all--databases 参数时，不需要指定数据库名称。

【示例 8.4】 使用 root 用户备份服务器的所有数据库。

```
mysqldump -u root -p --all--databases >D:\backup_allfile.sql
```

执行完后，可以在 D:\ 下面看到名为 backup_allfile.sql 的文件，其中存储着所有数据库的所有信息。

8.1.2 直接复制整个数据库目录

MySQL 有一种简单的备份方法，就是将其中的数据库文件直接复制出来。这种方法最简单，速度也最快。不过，直接复制文件不能够移植到其他机器上，除非要复制的表使用 MyISAM 存储格式。使用该方法时，最好将服务器停止。

MySQL 的数据库目录位置不一定相同，在 Windows 平台上，打开 MySQL 安装文件夹，然后找到并打开 my.ini 文件，"datadir" 就是数据库的物理路径。在 Linux 平台上，数据库目录位置通常为 /var/lib/mysql/，不同 Linux 版本下目录会有不同，读者应在自己使用的平台下查找该目录。

任务 8.2 数据库的还原

还原数据库，就是让数据库根据备份的数据回到备份时的状态。当管理人员操作失误，或计算机产生故障以及其他意外情况时，可以还原已经备份的数据，尽量减少数据丢失和破坏造成的损失。

8.2.1 使用 mysql 命令还原

对于使用 mysqldump 命令备份后形成的 .sql 文件，可以使用 mysql 命令导入到数据库中。备份的 .sql 文件中包含 CREATE、INSERT 语句，也可能包含 DROP 语句。MySQL 命令可以直接执行文件中的这些语句。其语法格式如下：

```
mysql -u user -p [db_name] <filename.sql;
```

参数说明如下：

（1）user 是用户名，-p 表示输入用户密码。

（2）db_name 是数据库名，该参数是可选参数，可以指定数据库名，也可以不指定。指定数据库名时，表示恢复该数据库中的表。不指定数据库名时，表示恢复特定的一个数据库。

（3）如果 filename.sql 文件为 mysqldump 工具创建的备份文件，执行时不需要指定数据库名。

【示例 8.5】 使用 mysql 命令将备份文件 backup_bookshop.sql 恢复到数据库中。

```
mysql -u root -p bookshop <D:\ backup_bookshop.sql
```

执行语句之前，必须先在 MySQL 服务器中创建 bookshop 数据库，如果不存在，在数据恢复过程中会出错。命令执行成功之后，backup_bookshop.sql 文件中的语句就会在指定的数据库中恢复以前的数据。

如果已登录 MySQL 服务器，还可以使用 SOURCE 命令来执行指定脚本进行数据导入操作。SOURCE 命令的语法如下：

```
SOURCE filename.sql;
```

【示例 8.6】 利用 SOURCE 命令恢复 bookshop 数据库中 customers 表中的数据。

```
SOURCE D:\backup_customers.sql
```

SOURCE 命令需要登录 MySQL 服务器才能调用。

利用 SOURCE 命令进行导入数据的操作过程如下所示。

```
mysql> use bookshop;
Database changed
mysql> source D:\backup_customers.sql
Query OK, 0 rows affected (0.00 sec)

Query OK, 0 rows affected (0.00 sec)

Query OK, 0 rows affected (0.00 sec)

Query OK, 0 rows affected (0.00 sec)

Query OK, 0 rows affected (0.00 sec)

Query OK, 0 rows affected (0.00 sec)
```

8.2.2 直接复制整个数据库目录

前面介绍过一种直接复制数据的备份方法，通过这种方法备份的数据，可以直接复制到 MySQL 的数据库目录下。通过这种方式还原时，必须保证两个 MySQL 数据库的版本号相同，而且这种方式对 MyISAM 类型的表比较有效，对于 InnoDB 类型的表则不可用，因为 InnoDB 表的表空间不能直接复制。

执行还原前要关闭 MySQL 服务，将备份的文件或文件夹覆盖 MySQL 的 data 文件夹，然后再启动 MySQL 服务。对于 Linux/UNIX 操作系统来说，复制完文件需要将文件的用户和组更改为 mysql 运行的用户和组，通常用户是 mysql，组也是 mysql。

任务 8.3　数据的导出和导入

在数据库的日常维护中，经常需要进行数据表的导出和导入的操作。MySQL 数据库中的数据表可以导出为文本文件、XML 文件或者 HTML 文件，相应的文本文件也可以导入

MySQL 数据库中。

8.3.1 数据导出

1. 使用 SELECT...INTO OUTFILE 导出文本文件

MySQL 数据库导出数据时，允许使用包含导出定义的 SELECT 语句进行数据的导出操作。该文件在服务器主机上创建，因此必须拥有文件写入权限（FILE 权限）才能使用此语法。SELECT...INTO OUTFILE 'filename' 形式的 SELECT 语句可以把被选择的行写入一个文件中，filename 不能是一个已经存在的文件。其基本语法格式如下：

```
SELECT [列名] FROM tb_name [WHERE 语句]
INTO OUTFILE '目标文件' [OPTION];
```

该语句分为两部分，前半部分是一个普通的 SELECT 语句，通过这个 SELECT 语句来查询所需要的数据；后半部分用来导出数据。其中，"目标文件"参数指出查询的记录导出到哪个文件；"OPTION"参数有如下 5 个常用的选项：

（1）FILEDS TERMINATED BY 'value'：设置字段之间的分隔字符，可以为单个或多个字符，默认情况下制表符"\t"。

（2）FILEDS [OPTIONALLY] ENCLOSED BY 'value'：设置字段的包围字符，只能为单个字符，如果使用了 OPTIONALLY，则只能为 CHAR 和 VARCHAR 字符数据字段被包括。

（3）FILEDS ESCAPED BY 'value'：设置如何写入或读取特殊字符，只能为单个字符，即设置转义字符，默认值为反斜线"\"。

（4）LINES STARTING BY 'value'：设置每行数据开头的字符，可以为单个或多个字符，默认情况下不使用任何字符。

（5）LINES TERMIINATED BY 'value'：设置每行数据结尾的字符，可以为单个或多个字符，默认值为"\n"。

FILEDS 和 LINES 两个子句都是自选的，但是如果两个都被指定了，FILEDS 必须位于 LINES 的前面。

【示例 8.7】 使用 SELECT...INTO OUTFILE 命令将 bookshop 数据库中的 customers 表中的记录导出到文本文件。

```
USE bookshop;
SELECT * FROM customers
INTO OUTFILE 'D:/bak_customers.txt';
```

执行结果如下所示。

```
mysql> SELECT * FROM customers
    -> INTO OUTFILE 'D:/bak_customers.txt';
Query OK, 10 rows affected (0.00 sec)
```

由于指定了 INTO OUTFILE 子句，SELECT 将 customers 表中的字段值保存到 D:\bak_customers 文件中，如图 9-3 所示。

【示例 8.8】 使用 SELECT...INTO OUTFILE 命令将 bookshop 数据库中的 manager 表中的

记录导出到文本文件，使用 FILED 选项和 LINES 选项，要求字段之间使用","间隔，所以字段值用双引号括起来，定义转义字符为单引号"\'"。

```
USE bookshop;
SELECT * FROM manager INTO OUTFILE 'D:\bak_manager.txt'
FIELDS
    TERMINATED BY ','
    ENCLOSED BY '\"'
    ESCAPED BY '\''
LINES
    TERMINATED BY '\r\n';
```

其中，FILEDS TERMINATED BY ','表示逗号分隔字段；ENCLOSEED BY '\"'表示字段用双引号括起来；ESCAPED BY '\''表示系统默认的转义字符为单引号；LINES TERMINATED BY '\r\n'可以保证每条记录占一行。因为 Windows 操作系统下"\r\n"才是回车换行，如果不加这个选项，默认情况只是"\n"。

图 8-3　bak_manager.txt 文件内容

2. 使用 mysqldump 命令导出文本文件

mysqldump 命令可以备份数据库中的数据，该命令不仅可以将数据导出为包含 CREATE、INSERT 的 sql 文件，也可以导出为纯文本文件。mysqldump 导出文本文件的基本语法格式如下：

```
mysqldump -u root -p -T path db_name [tb_name] [OPTIONS]
```

其中，-T 参数表示导出纯文本文件，path 表示导出数据的路径；db_name 参数表示数据库的名称，tb_name 参数表示表的名称；OPTIONS 参数表示附加选项，包括以下五个选项。

（1）--fields-terminated-by=value：设置字符串为字段的分隔符，默认值为"\t"。

（2）--fields-enclosed-by= value：设置字符来括上字段的值。

（3）--fields-optionally-enclosed-by=value：设置字符括上 CHAR、VARCHAR 和 TEXT 等字符型字段。

（4）--fields-escaped-by= value：设置转义字符。

（5）--lines-terminated-by= value：设置每行的结束符。

【示例 8.9】　使用 mysqldump 命令将 bookshop 数据库中的 shopcar 表中的记录导出到文本文件。

```
msqldump -u root -p -T D:\ bookshop  shopcar
```

语句执行成功后，会在 D 盘中生成两个文件，分别是 shopcar.sql 和 shopcar.txt。shopcar.sql 文件中包含创建 shopcar 表的 CREATE 语句，shopcar.txt 文件中包含表中的数据。如图 8-4 所示。

```
shopcar.txt - 记事本
文件(F) 编辑(E) 格式(O) 查看(V) 帮助(H)
s10604    c0001    010001    高分子物理          35      2s10608  c0002    010001    高分子物理    35
3s10609   c0003    030001    野外求生宝典        28      1s10615  c0007    040001    游园惊梦      24
8s10826   c0004    060001    自动控制原理        52      2
```

图 8-4　shopcar.txt 文件内容

【示例 8.10】 使用 mysqldump 语句导出 bookshop 数据库下的 goods 数据表，设置字符之间用","隔开，字符型数据使用双引号括起来。每行记录以回车换行符"\r\n"结尾。

```
mysqldump -u root -p  -T D:\  bookshop goods
--fields-terminated-by=,
--fields-optionally-enclosed-by=\"
--lines-terminated-by=\r\n
```

语句执行成功后，会在 D 盘生成两个文件，分别为 goods.sql 和 goods.txt。goods.sql 文件中包含创建 goods 表的 CREATE 语句，goods.txt 文件中包含表中的数据，如图 8-5 所示。

```
goods.txt - 记事本
文件(F) 编辑(E) 格式(O) 查看(V) 帮助(H)
"010001","高分子物理","01","何曼君","复旦大学出版社","9787309054145",35,200
"020001","现代遗传学","02","赵寿元","高等教育出版社","9787040239737",36,100
"030001","野外求生宝典","03","梶原玲","南海出版社","9787544240345",28,150
"030002","欧洲日记","03","张明","湖南教育出版社","9787224240341",60,200
"030003","西藏行","03","毛毛","湖南教育出版社","9787224240342",50,100
"040001","游园惊梦","04","夏达明","湖南少儿出版社","9787535838823",24,250
"050001","软件工程导论","05","张海藩","清华大学出版社","9787302164745",35,300
"050002","软件架构设计","05","张海藩","清华大学出版社","9787302164748",40,200
"050003","走进软件世界","05","刘一明","科学出版社","9787030189609",30,100
"060001","自动控制原理","06","胡寿松","科学出版社","9787030189654",52,150
"070001","算法导论","07","科曼","机械工业出版社","9787111187712",85,250
```

图 8-5　goods.txt 文件内容

goods.txt 文件的内容与上一示例相似，只是字符类型的值被双引号括了起来，而数值类型的值没有。

3. 使用 mysql 命令导出文本文件

使用 mysql 可以在命令行模式下执行 SQL 指令，也可将查询结果导入文本文件中。相比 mysqldump 而言，mysql 工具导出的结果可读性更强。

如果 MySQL 服务器是单独的机器，则用户是在一个 Client 上进行操作，用户要把数据结果导入 Client 机器，可以使用 mysql -e 语句。

使用 mysql 导出数据文本文件语句的基本格式如下：

```
mysql -u root -p [OPTIONS] -e|--execute= "SELECT 语句 " db_name > filename.txt
```

其中 --execute 选项表示执行该选项后面的语句并退出，后面的语句必须用双引号括起来，db_name 为要导出的数据库名称；导出的文件中不同列之间使用制表符分隔，第 1 行包含各字段的名称。OPTIONS 选项常用的参数有如下 4 项：

（1）-E|--vertical：文本文件中每行显示一个字段内容。

（2）-H|--html：导出的文件为 html 文件。

（3）-X|--xml：导出的文件为 xml 文件。

（4）-T|--table：以表格的形式导出数据。

【示例 8.11】 使用 mysql 命令将 bookshop 数据库 comment 表中的记录导出到文本文件。

```
mysql -u root -p --execute="SELECT * FROM comment;"
    bookshop>D:\bak_comment.txt
```

在 DOS 命令窗口下输入代码，如下图 8-6 所示。

图 8-6　DOS 窗口输入代码

语句执行完毕后，会在 D 盘中生成文件 bak_comment.txt，其内容如图 8-7 所示。

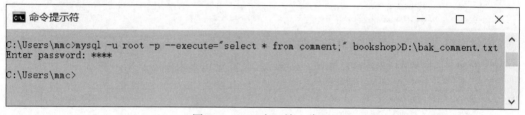

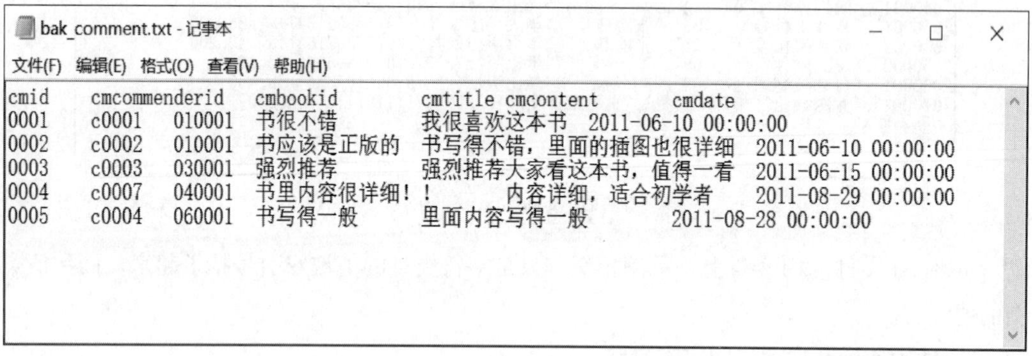

图 8-7　bak_comment.txt 内容

可以看到，文件中包含了每个字段的名称和各条记录，该显示格式与 MySQL 命令下 SELECT 语句的查询结果显示相同。

【示例 8.12】 使用 mysql 命令将 bookshop 数据库中的 orders 表中的记录导出到 html 文件。

```
mysql -u root -p --html -e "SELECT * FROM orders;"
    bookshop>D:\bak_orders.html
```

语句执行完毕后，在 D 盘生成文件 bak_orders.html，如图 8-8 所示。

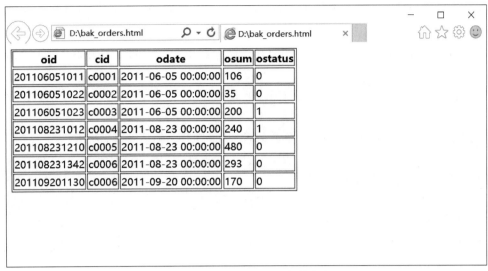

图 8-8　bak_orders.html 文件内容

8.3.2　数据导入

1. 用 LOAD DATA INFILE 方式导入文本文件

MySQL 允许将数据导出到外部文件，也可以从外部文件导入数据。MySQL 提供了一些导入数据的工具，这些工具有 LOAD DATA 语句、source 命令和 mysql 命令。LOAD DATA 语句用于高速地从一个文本文件中读取行，并装入一个表中。文件名称必须为字符串。

LOAD DATA 的语法格式如下：

```
LOAD DATA [LOCAL] INFILE file INTO TABLE tb_name [OPTION];
```

其中，"LOCAL"是在本地计算机中查找文本文件时使用的；"file"参数指定了文本文件的路径和名称；"tb_name"参数指表的名称；"OPTION"参数是可选参数选项，包括 FIELDS 和 LINES 子句，其值可以是：

（1）FIELDS TERMINATED BY ' 字符串 '：设置字符串为字段的分隔符，默认值为 "\t"。

（2）FIELDS [OPTIONALLY] ENCLOSED BY 'value'：设置字段的包围字符，只能为单个字符。如果使用了 OPTIONALLY，则只有 CHAR 和 VARCHAR 等字符数据字段被包围。

（3）FIELDS ESCAPED BY 'value'：控制如何写入或读取特殊字符，只能为单个字符，即设置转义字符，默认值为 "\"。

（4）LINES STARTING BY 'value'：设置每行数据开头的字符，可以为单个或多个字符，默认情况下不使用任何字符。

（5）LINES TERMINATED BY 'value'：设置每行数据结尾的字符，可以为单个或多个字符，默认值为 "\n"。

（6）IGNORE n LINES：忽略文件的前 n 行记录。

（7）（字段列表）：根据字段列表中的字段和顺序来加载记录。

(8) SET column=expr：将指定的列 column 进行相应地转换后再加载，使用 expr 表达式来进行转换。

【示例 8.13】 使用 LOAD DATA INFILE 命令将 bak_customers.txt 中的记录导入到 customers 表中。

```
LOAD DATA INFILE 'D:/bak_customers.txt'
         INTO TABLE bookshop.customers;
```

还原之前，要将 customers 表中的数据全部删除。执行语句结果如下所示。

```
mysql> LOAD DATA INFILE 'D:/bak_customers.txt'
    -> INTO TABLE bookshop.customers;
Query OK, 10 rows affected (0.00 sec)
Records: 10  Deleted: 0  Skipped: 0  Warnings: 0
```

使用以下语句查询 customers 表里的信息。

```
SELECT * FROM customers;
```

执行结果如下所示。

cid	ctruename	cpassword	csex	caddress	cmobile	cemail	cregisterDate
c0009	许志敏	123456	女	广东珠海市	1396XXX897	xzhiming@163.com	2011-01-06 00:00:00
c0010	王天成	123456	男	广东佛山市	1364XXX789	wangtc@163.com	2007-07-24 00:00:00
c0008	张丰盛	123456	男	广西桂林市	1364XXX789	zhangfs@163.com	2009-07-25 00:00:00
c0006	陈黎名	123456	男	江西南昌市	1397XXX860	chenym@163.com	2010-12-21 00:00:00
c0007	黄小波	123456	男	湖北武汉市	1384XXX569	huangxb@163.com	2011-01-22 00:00:00
c0005	吴美霞	123456	女	湖南长沙市	1364XXX756	wumeixia@163.com	2010-10-22 00:00:00
c0004	李浩华	123456	男	广东珠海市	1363XXX643	lihaohua@163.com	2008-11-24 00:00:00
c0003	罗红红	123456	女	广东珠海市	1355XXX472		2008-11-24 00:00:00
c0002	张嘉靖	123456	男	广东广州市	1354XXX647	zhangjj002@163.com	2010-09-04 00:00:00
c0001	刘小和	123456	男	广东广州市	1351XXX846	liuxh@163.com	2009-08-06 00:00:00

10 rows in set (0.00 sec)

2. 用 mysqlimport 命令导入文本文件

使用 mysqlimport 可以导入文本文件，并且不需要登录 MySQL 客户端。mysqlimport 命令提供了许多与 LOAD DATA INFILE 语句相同的功能。使用 mysqlimport 语句需要指定所需的选项、导入的数据库名称及导入的数据文件和路径和名称。msqlimport 命令的语法格式如下：

```
mysqlimport -u root -p [LOCAL] db_name file [OPTION]
```

其中，"LOAD"是在本地计算机中查找文本文件时使用的；"db_name"参数表示数据库的名称；"file"参数指定了文本文件和路径和名称；"OPTION"参数的常见取值如下：

（1）--fields-terminated-by=value：设置字段之间的分隔符，可以为单个或多个字符，默认值为 "\t"。

（2）--fields-enclosed-by=value：设置字段的包围字符。

（3）--fields-optionally-enclosed-by=value：设置字段的包围字符，只能为单个字符，包括 CHAR、VARCHAR 和 TEXT 等字符型字段。

（4）--fields-escaped-by=value：控制如何写入或读取特殊字符，只能为单个字符，即设置转义字符，默认值为反斜杠 "\"。

（5）--lines-terminated-by=value：设置每行数据结尾的字符，可以为单个或多个字符，默认值为 "\n"。

（6）--ignore-lines=n：忽视数据文件的前 n 行。

【示例8.14】 用 msqlimport 命令，将 D:\ goods.txt 中的记录导入 goods 表中，字段之间用逗号间隔，字符类型字段值用双引号括起来，每行记录以回车换行符"\r\n"结尾。

```
mysqlimport -u root -p bookshop D:/goods.txt
    --fields-terminated-by=,
    --fields-optionally-enclosed-by=\"
    --lines-terminated-by=\r\n
```

在 DOS 窗口中输入以上代码，执行结果如下所示。

```
C:\Users\mmc>mysqlimport -u root -p bookshop D:/goods.txt --fields-terminated-by=, --fields-optionally-enclosed-by=\" --lines-terminated-by=\r\n
Enter password: ****
bookshop.goods: Records: 11  Deleted: 0  Skipped: 0  Warnings: 0
```

项目实训 8　日常维护与管理

一、实训目的

1. 了解数据库备份与还原的原理。
2. 掌握数据库备份与还原的方法。
3. 了解数据导入和导出的目的。
4. 掌握数据导入和导出的方法。

二、实训内容

对 library 数据库进行以下操作：

1. 使用 mysqldump 命令备份 library 数据库，生成的 lib_bak.sql 文件存储在 D:\backup。

2. 使用 mysqldump 命令备份 library 数据库中的 book 表和 reader 表，生成的 br_bak.sql 文件存储在 D:\backup。

3. 将 libarary 删除，分别使用 mysql 命令和 source 命令将 library 数据库备份文件 lib_bak.sql 恢复到数据库中。

4. 将 library 数据库中的 book 表和 reader 表删除，分别使用 mysql 命令和 source 命令将备份文件 br_bak.sql 恢复到 library 数据库中。

5. 将 library 数据库中不同的数据表中的数据，导出到 XML 文件或者 HMTL 文件，并查看文件内容。

三、实训小结

为了保证数据的安全，需要定期对数据进行备份。备份的方式有很多种，效果也不一样。mysqldump 命令可以将数据库中的数据备份成一个文本文件。MySQL 有一种简单的备份方法，就是将 MySQL 中的数据库文件直接复制出来。MySQL 数据库中的表可以导出成文本文件、XML 文件和 HTML 文件。

课后习题

一、选择题

1. 备份数据库的命令是（　　）。
   A. COPY　　B. REPEATER　　C. MYSQLDUMP　　D. 以上都不对
2. 恢复数据库的命令是（　　）。
   A. REVERSE　　　　　　　　B. REPEATER
   C. SOURCE　　　　　　　　 D. 以上都是
3. 使用 SELECT 命令将表中数据导出到文件，可以使用（　　）子句。
   A. TO FILE　　　　　　　　B. INTO FILE
   C. OUTTO FILE　　　　　　D. INTO OUTFILE
4. 导出数据的正确方法为（　　）。
   A. mysqldump 数据库 > 文件名　　B. mysqldump 数据库 >> 文件名
   C. mysqldump 数据库 文件名　　　D. mysqldump 数据库 = 文件名

二、操作题

对 stucourse 数据库进行以下操作：

1. 使用 mysqldump 命令备份 stucourse 数据库，生成的 stucourse_bak.sql 文件存储在 D:\backup。

2. 将 stucourse 删除，分别使用 mysql 命令和 source 命令将 stucourse 数据库备份文件 stucourse_bak.sql 恢复到数据库中。

项目 9

用户和数据安全

学习目标

● 知识目标

1. 掌握添加和删除用户操作。
2. 了解与用户权限管理有关的授权表。
3. 掌握为用户分配权限的方法。
4. 掌握取消用户权限的方法。

● 能力目标

1. 具备使用图形画界面工作操作用户的能力。
2. 具备使用查看 MySQL 权限的能力。
3. 具备为用户分配分配权限的能力。

● 素质目标

1. 学生不管以后从事什么行业,数据安全和责任心都是第一位,在课程中要有意识地体会并且学习相关知识,提升自身素养。

2. 通过数据安全的真实案例和知识,让学生总结自己的收获和感悟,引导学生分享更多数据安全的案例,鼓励学生,通过大家的共同努力,逐步增强学生的安全意识,并且知道如何处理工作中遇到的类似问题。

● 素质园地

1. 教师在讲授数据安全的过程中,要注意积极引导学生。因为数据安全是网络安全屏障的一个突破口。在一个非专业人员眼里没有任何价值的漏洞,恰好就是专业人员手中的利器,通过查找漏洞,一些别有用心的人,会通过该漏洞获得许多有价值的信息,这些信息一旦被勒索、被倒卖,会给用户带来极大的经济损失,通过案例正面引导、教育学生。

2. 网络安全最关键的是数据安全。将信息安全、法律融入课堂教学中,在讲解专业课的同时融入对相关法律法规的讲解,让学生懂得数据安全的重要性,以及知法懂法守法。

项目简介

安全管理是数据库管理系统一个非常重要的组成部分,是数据库中数据被合理访问和修改的基本保证,MySQL 提供有效的数据访问安全机制。本项目主要从用户、角色和权限等方面进行安全性的分析和操作。通过本项目的学习,读者应该掌握 MySQL 服务器的安全性机制及其运用。并熟练掌握创建和管理安全账户、管理数据库用户、角色及权限。项目 9 知识要点如图 9-1 所示。

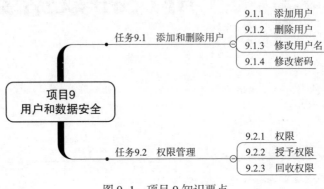

图 9-1 项目 9 知识要点

单词学习

1. Authentication 验证
2. Permission Validation 权限认证
3. Login 登录
4. Grant 授权
5. Deny 拒绝
6. Revoke 撤销
7. Role 角色
8. User 用户

任务 9.1 添加和删除用户

9.1.1 添加用户

使用 CREATE USER 语句可以添加新的 MySQL 账户。要使用 CREATE USER 语句,必须拥有 mysql 数据库的全局 CREATE USER 权限。语法格式如下:

```
CREATE USER user[IDENTIFIED BY [PASSWORD] 'password']
            [,user [IDENTIFIED BY [PASSWORD] 'password' ]]..
```

其中,user 参数表示新建用户的账户,user 由用户名(User)和主机名(Host)构成;IDENTIFIED BY 关键字用来设置用户的密码;password 参数表示用户的密码。如果密码是一个普通的字符串,就不需要使用 PASSWORD 关键字。CREATE USER 语句可以同时创建多个用户。新用户可以没有初始密码。

CREATE USER 语句会添加一个新的 MySQL 账户。使用 CREATE USER 语句的用户必须有全局的 CREATE USER 权限或 MySQL 数据库的 INSERT 权限。每添加一个用户，CREATE USER 语句会在 mysql.user 表中添加一条新记录，但是新创建的账户没有任何权限。如果添加的账户已经存在，CREATE USER 语句会返回一个错误。

【示例 9.1】 使用 CREATE USER 语句添加两个用户，用户 user1 的密码是 user1，用户 user2 的密码是 user2。其主机名为 localhost。命令如下：

```
CREATE USER 'user1'@'localhost' IDENTIFIED BY 'user1',
            'user2'@'localhost' IDENTIFIED BY 'user2';
```

命令执行之后，在系统数据库 mysql 查看结果。

```
mysql> USE mysql;
Database changed
mysql> SELECT HOST, User,Password FROM user \G;
*************************** 1. row ***************************
    HOST: 127.0.0.1
    User: root
Password: *81F5E21E35407D884A6CD4A731AEBFB6AF209E1B
*************************** 2. row ***************************
    HOST: localhost
    User: user1
Password: *34D3B87A652E7F0D1D371C3DBF28E291705468C4
*************************** 3. row ***************************
    HOST: localhost
    User: user2
Password: *12A20BE57AF67CBF230D55FD33FBAF5230CFDBC4
3 rows in set (0.00 sec)
```

结果显示，用户 user1 和 user2 创建成功。

9.1.2 删除用户

如果存在一个或是多个账户被闲置，应当考虑将其删除，确保不会用于可能的违法活动。利用 DROP USER 命令就能很容易地做到，它将从权限表中删除用户的所有信息，即来自所有授权表的账户权限记录。DROP USER 命令格式如下：

```
DROP USER user [,user]…;
```

其中，user 参数是需要删除的用户，由用户和用户名（User）和主机名（Host）组成，DROP USER 语句可以同时删除我个用户，各用户之间用逗号隔开。

【示例 9.2】 使用 DROP USER 删除账户 "'user1'@'localhost'"，DROP USER 语句如下：

```
DROP USER 'user1'@'localhost' ;
```

执行过程如下所示。

```
mysql> DROP USER 'user1'@'localhost' ;
Query OK, 0 rows affected (0.00 sec)
```

如果删除的用户已经创建了表、索引或其他的数据库对象，它们将继续保留，因为 MySQL 并没有记录是谁创建了这些对象。

9.1.3 修改用户名

RENAME USER 语句用于对原有 MySQL 账户进行重命名。RENAME USER 语句的语法格式如下：

```
RENAME USER old_user TO new_user
              [, old_user TO new_user]…
```

其中，old_user 为已经存在的 SQL 用户。new_user 为新的 SQL 用户。

RENAME USER 语句用于对原有 MySQL 账户进行重命名。要使用 RENAME USER，必须拥有全局 CREATE USER 权限或 MySQL 数据库的 UPDATE 权限。如果旧账户不存在或者新账户已存在，则会出现错误。

【示例 9.3】 应用 RENAME USER 命令将用户 user2 的重新命名为 Jenny。

```
RENAME USER 'user2'@'localhost' TO 'Jenny'@'localhost';
```

命令执行之后，在系统数据库 mysql 中查看结果。

```
mysql> USE mysql;
Database changed
mysql> SELECT HOST, User,Password FROM user \G;
*************************** 1. row ***************************
    HOST: 127.0.0.1
    User: root
Password: *81F5E21E35407D884A6CD4A731AEBFB6AF209E1B
*************************** 2. row ***************************
    HOST: localhost
    User: Jenny
Password: *12A20BE57AF67CBF230D55FD33FBAF5230CFDBC4
2 rows in set (0.00 sec)
```

9.1.4 修改密码

root 用户拥有很高的权限，不仅可以修改自己的密码，还可以修改其他用户的密码。普通用户也可以修改自己的密码，即普通用户修改密码时不需要通知管理员。

要修改某个用户的登录密码，可以使用 SET PASSWORD 语句。语法格式如下：

```
SET PASSWORD [FOR user]=PASSWORD('newpassword')
```

其中，不加 FOR user，表示修改当前用户的密码。加了 FOR user 则是修改当前主机上的特定用户的密码，user 为用户名。user 的值必须以 'user_name'@'host_name' 的格式给定。新用户必须使用 PASSWORD() 函数来加密。

【示例 9.4】 将用户 Jenny 的密码修改为 myjenny。

```
SET PASSWORD FOR 'Jenny'@'localhost'=PASSWORD('myjenny');
```

执行结果如下所示。

```
mysql> SET PASSWORD FOR 'Jenny'@'localhost'=PASSWORD('myjenny');
Query OK, 0 rows affected (0.00 sec)
```

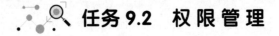

任务 9.2 权限管理

权限管理主要是对登录到 MySQL 的用户进行权限验证。所有用户的权限都存储在 MySQL 的权限表中，不合理的权限规划会给 MySQL 服务带来安全隐患。数据库管理员要对所有用户的权限进行合理规划管理。

MySQL 权限系统的主要功能是证实连接到一台给定主机的用户，并且赋予该用户在数据库上的 SELECT、INSERT、UPDATE 和 DELETE 权限。

9.2.1 权限

MySQL 数据库有很多种类的权限，这些权限都存储在 MySQL 数据库下的权限表中。user 表是 MySQL 中最重要的一个权限表，记录允许连接到服务器的账号信息，里面权限是全局级的。

表 9-1 中列出了 MySQL 的各种权限，user 表中对应的列和权限的范围等信息。

表 9-1 MySQL 的各种权限

权限名称	对应 user 表中的列	默认值	权限的范围
CREATE	Create_priv	N	数据库、表或索引
DROP	Drop_priv	N	数据库或表
GRANT OPTION	Grant_priv	N	数据库、表或存储过程
REFERENCES	References_priv	N	数据库或表
ALTER	Alter_priv	N	修改表
DELETE	Delete_priv	N	删除表
INDEX	Index_priv	N	用索引查询表
INSERT	Insert_priv	N	插入表
SELECT	Select_priv	N	查询表
UPDATE	Update_priv	N	更新表
CREATE TABLE	Create_view_priv	N	创建视图
SHOW VIEW	Show_view_priv	N	查看视图
ALTER ROUTINE	Alter_routine_priv	N	修改存储过程或函数
CREATE ROUTINE	Create_routine_priv	N	创建存储过程或函数
EXECUTE	Execute_priv	N	执行存储过程或函数
FIFE	File_priv	N	加载服务器主机上的文件
CREATE TEMPORARY TABLES	Create_temp_table_view	N	创建临时表
LOCK TABLES	Lock_tables_priv	N	锁定表
CREATE USER	Create_user_priv	N	创建用户
PROCESS	Process_priv	N	服务器管理
RELOCAD	Reload_priv	N	重新加载权限表
REPLICATION CLIENT	Repl_client_priv	N	服务器管理
REPLICATION SLAVE	Repl_slave_priv	N	服务器管理
SHOW DATABASES	Show_db_priv	N	查看数据库
SHUTDOWN	Shutdown_priv	N	关闭服务器
SUPER	Super_priv	N	超级权限

GRANT 和 REVOKE 命令用来管理访问上述权限，也可以用来创建和删除用户。GRANT 和 REVOKE 命令对于谁可以操作服务器及其内容的各个方面提供了多种控制，从关闭服务器到修改特定表字段中的信息都能控制。

9.2.2 授予权限

新的用户创建后没有权限对数据表进行操作，因此需要对新用户赋予权限才能正常使用。MySQL 中可以使用 GRANT 语句为用户授予权限，但必须拥有 GRANT 权限的用户才可以执行 GRANT 语句。GRANT 语句的基本语法格式如下：

```
GRANT privileges
ON databasename.tablename
TO 'username'@'host'
```

其中，privileges 为权限的名称，如 SELECT、UPDATE 等，给不同的对象授予权限的值也不相同。ON 关键字后面给出的是授予权限的数据库或表名。TO 子句用来设定用户。

1. 授予表权限和列权限

【示例 9.5】 对新创建的用户 user1 在 customers 表上的 SELECT 和 DELETE 权限。

```
USE bookshop;
GRANT SELECT,DELETE
ON customers
TO user1@localhost;
```

命令执行之后，在系统数据库 mysql 中查看结果。

```
mysql> USE mysql;
Database changed
mysql> SELECT * FROM tables_priv;
+-----------+---------+-------+------------+---------------+---------------------+---------------+-------------+
| Host      | Db      | User  | Table_name | Grantor       | Timestamp           | Table_priv    | Column_priv |
+-----------+---------+-------+------------+---------------+---------------------+---------------+-------------+
| localhost | bookshop| user1 | customers  | root@localhost| 2016-11-19 06:24:55 | Select,Delete |             |
+-----------+---------+-------+------------+---------------+---------------------+---------------+-------------+
1 row in set (0.00 sec)
```

【示例 9.6】 授予 user1 用户在 customers 表上的手机和邮箱列的 UPDATE 权限。

```
USE bookshop;
GRANT UPDATE(cmobile, cemail)
ON customers
TO user1@localhost;
```

命令执行之后，在系统数据库 mysql 中查看结果。

```
mysql> USE mysql;
Database changed
mysql> SELECT * FROM tables_priv;
+-----------+---------+-------+------------+---------------+---------------------+---------------+-------------+
| Host      | Db      | User  | Table_name | Grantor       | Timestamp           | Table_priv    | Column_priv |
+-----------+---------+-------+------------+---------------+---------------------+---------------+-------------+
| localhost | bookshop| user1 | customers  | root@localhost| 2016-11-19 06:27:16 | Select,Delete | Update      |
+-----------+---------+-------+------------+---------------+---------------------+---------------+-------------+
1 row in set (0.00 sec)
```

2. 授予数据库权限

MySQL 还支持整个数据库的权限，例如，在一个特定的数据库中创建表和视图的权限。

【示例 9.7】 授予 user1 用户在 bookshop 数据库中的所有表的 SELECT 权限。

```
GRANT SELECT
ON bookshop.*
TO user1@localhost ;
```

命令执行之后，在系统数据库 mysql 中查看结果。

```
mysql> USE mysql;
Database changed
mysql> SELECT * FROM db WHERE User='user1' \G;
*************************** 1. row ***************************
                 Host: localhost
                   Db: bookshop
                 User: user1
          Select_priv: Y
          Insert_priv: N
          Update_priv: N
          Delete_priv: N
          Create_priv: N
            Drop_priv: N
           Grant_priv: N
      References_priv: N
           Index_priv: N
           Alter_priv: N
 Create_tmp_table_priv: N
      Lock_tables_priv: N
      Create_view_priv: N
        Show_view_priv: N
    Create_routine_priv: N
     Alter_routine_priv: N
          Execute_priv: N
            Event_priv: N
          Trigger_priv: N
1 row in set (0.00 sec)
```

【示例 9.8】 授予 user1 在 bookshop 数据库中的所有的数据库权限。

```
GRANT ALL
ON   bookshop.*
TO user1@localhost ;
```

命令执行之后,在系统数据库 mysql 中查看结果。

```
mysql> SELECT * FROM db WHERE User='user1' \G;
*************************** 1. row ***************************
                 Host: localhost
                   Db: bookshop
                 User: user1
          Select_priv: Y
          Insert_priv: Y
          Update_priv: Y
          Delete_priv: Y
          Create_priv: Y
            Drop_priv: Y
           Grant_priv: N
      References_priv: Y
           Index_priv: Y
           Alter_priv: Y
 Create_tmp_table_priv: Y
      Lock_tables_priv: Y
      Create_view_priv: Y
        Show_view_priv: Y
    Create_routine_priv: Y
     Alter_routine_priv: Y
          Execute_priv: Y
            Event_priv: Y
          Trigger_priv: Y
1 row in set (0.00 sec)
```

3. 授予用户权限

最有效率的权限就是用户权限,对于需要授权数据库权限的所有语句,也可以定义在用户权限上。例如,在用户级别上授予某人 CREATE 权限,这个用户可以创建一个新的数据库,也可以在所有的数据库(而不是特定的数据库)中创建新表。

【示例 9.9】 授予 Tom 对所有数据库中的所有表的 CREATE 和 DELETE 权限。

```
GRANT CREATE, DELETE
ON *.*
TO Tom@localhost IDENTIFIED BY '123456' ;
```

命令执行之后，在系统数据库 mysql 查看结果。

```
mysql> SELECT * FROM user WHERE User='Tom'\G;
*************************** 1. row ***************************
                 Host: localhost
                 User: Tom
             Password: *6BB4837EB74329105EE4568DDA7DC67ED2CA2AD9
          Select_priv: N
          Insert_priv: N
          Update_priv: N
          Delete_priv: Y
          Create_priv: Y
            Drop_priv: N
          Reload_priv: N
        Shutdown_priv: N
         Process_priv: N
            File_priv: N
           Grant_priv: N
      References_priv: N
           Index_priv: N
           Alter_priv: N
         Show_db_priv: N
           Super_priv: N
Create_tmp_table_priv: N
```

【示例 9.10】 授予 Tom 创新用户的权力。

```
GRANT CREATE USER
ON  *.*
TO Tom@localhost ;
```

命令执行之后，在系统数据库 mysql 中查看结果。

```
mysql> SELECT * FROM user WHERE User='Tom'\G;
*************************** 1. row ***************************
                 Host: localhost
                 User: Tom
             Password: *6BB4837EB74329105EE4568DDA7DC67ED2CA2AD9
          Select_priv: N
          Insert_priv: N
          Update_priv: N
          Delete_priv: Y
          Create_priv: Y
            Drop_priv: N
          Reload_priv: N
        Shutdown_priv: N
         Process_priv: N
            File_priv: N
           Grant_priv: N
      References_priv: N
           Index_priv: N
           Alter_priv: N
         Show_db_priv: N
           Super_priv: N
Create_tmp_table_priv: N
     Lock_tables_priv: N
         Execute_priv: N
      Repl_slave_priv: N
     Repl_client_priv: N
     Create_view_priv: N
       Show_view_priv: N
  Create_routine_priv: N
   Alter_routine_priv: N
     Create_user_priv: Y
           Event_priv: N
         Trigger_priv: N
```

9.2.3 回收权限

回收权限是指撤销对表、视图、表值函数、存储过程、扩展存储过程、标量函数、聚合函数、服务队列或同义词的权限。回收用户不必要的权限可以在一定程度上保证系统的安全性。使用 REVOKE 命令回收权限，但不从 user 表中删除用户。回收指定权限的 REVOKE 语句的基本语法格式如下：

```
REVOKE priv_table[(column_list)]…
ON database.table
FROM user [,user]…
WITH GRANT OPTION;
```

REVOKE 语句中的参数与 GRANT 语句的参数的意思相同。其中，priv_type 参数表示权限的类型；column_list 参数表示权限作用于哪些列上，没有该参数时作用于整个表上；user 参数由用户名和主机名构成，形式是 'username'@'hostname'。WITH GRANT OPTION, 表示 TO 子句中指定的所有用户都有把自己所拥有的权限授予其他用户的权利，而不管其他用户是否拥有该权限。

要使用 REVOKE 语句，必须拥有 mysql 数据库的全局 CREATE USER 权限或 UPDATE 权限。

【示例 9.11】 回收用户 user1 在 customers 表上的 SELECT 权限。REVOKE 语句的代码如下：

```
REVOKE SELECT
ON bookshop.customers
FROM user1@localhost;
```

命令执行之后，在系统数据库 mysql 中查看结果。

```
mysql> SELECT * FROM tables_priv WHERE User='user1' AND Table_name='customers';
+-----------+----------+-------+------------+----------------+---------------------+------------+-------------+
| Host      | Db       | User  | Table_name | Grantor        | Timestamp           | Table_priv | Column_priv |
+-----------+----------+-------+------------+----------------+---------------------+------------+-------------+
| localhost | bookshop | user1 | customers  | root@localhost | 2016-11-19 06:46:48 | Delete     | Update      |
+-----------+----------+-------+------------+----------------+---------------------+------------+-------------+
1 row in set (0.00 sec)
```

结果显示，REVOKE 语句执行成功。

由于 user1 用户对 customers 表的 SELECT 权限被回收了，那么包括直接或间接地依赖于它的所有权限也回收了。

数据库管理员给普通用户授权时一定要特别小心，如果授权不当，可能会给数据库带来致命的破坏。一旦发现给用户的授权太多，应该尽快使用 REVOKE 语句将权限收回。此处特别注意，最好不要授权普通用户 SUPER 权限和 GRANT 权限。

项目实训 9　用户和数据安全

一、实训目的

1. 掌握数据库用户账号的建立和删除方法。

2. 掌握数据库用户权限的授予方法。

二、实训内容

创建名为 Penny、Jenny 的两个用户，初始密码都设置为 abcdef。用户对 library 数据库下的某些表拥有部分权限。本实例的执行步骤如下：

1. 创建 Penny、Jenny 用户
2. 将用户 Jenny 的名称修改为 Jenny2。
3. 将用户 Jenny2 的密码修改为 686868。
4. 删除 Jenny2 用户。
5. 授予用户 Penny 对 library 数据库的 reader 表进行插入、修改、删除操作权限。
6. 使用 root 用户回收 Penny 的 user 表上的 DELETE 权限。
7. 使用 root 用户回收 Penny 的所有权限。

三、实训小结

本项目介绍了添加用户的几种方法：GRANT 语句、CREATE USER 语句和直接操作 user 表。一般情况下，最好使用 GRANT 或者 CREATE USER 语句，而不要直接将用户信息插入 user 表，因为 user 表中存储了全局级别的权限以及其他的账户信息，如果意外破坏了 user 表中的记录，则可能会对 MySQL 服务器造成很大影响。

课后习题

一、填空题

1. 重命名用户的命令是 _____ 。
2. 回收用户权限的语句是 _____ 。
3. 修改 root 用户密码的方法是 _____ 。
4. 删除用户的语句是 _____ 。

二、选择题

1. CREATE USER 命令可以用来（　　）。

    A. 创建新用户　　　　　　　　　　　　B. 删除用户
    C. 修改用户权限　　　　　　　　　　　D. 重命名用户

2. 假设要给数据库创建一个用户名为 Block，密码为 123456 的用户，正确的创建语句是（　　）。

    A. CREATE USER 'Block'@'localhost' IDENTIFIED BY '123456';
    B. CREATE USER '123456'@'localhost' IDENTIFIED BY 'Block';
    C. CREATE USERS 'Block'@'localhost' IDENTIFIED BY '123456';
    D. CREATE USERS '123456'@'localhost' IDENTIFIED BY 'Block';

3. （　　）用户命令显示授予特定用户的权限。

  A. SHOW USER   B. SHOW GRANTS

  C. SHOW GRANTS FOR   D. SHOW PRIVILEGES

三、思考题

1. 新创建的用户有什么样的权限？
2. 表权限、列权限、数据库权限和用户权限的不同之处？
3. 如何应用各种命令实现对 MySQL 数据库的权限管理？
4. 如何设置账户密码，使账户更安全？

项目 10

使用 PowerDesigner 设计数据库

📄 学习目标

● 知识目标

1. 理解数据库系统规划和设计过程。
2. 了解网站数据库系统需求分析过程。
3. 掌握需求分析模型和概念数据模型。
4. 掌握物理数据模型和面向对象模型。

● 能力目标

1. 能够对数据库系统进行规划和设计过程的能力。
2. 具备使用 PowerDesigner 设计数据库的概念模型和物理模型的能力。
3. 具备使用 PowerDesigner 规划数据库的能力。

● 素质目标

1. 通过介绍软件公司 MySQL 工程师的招聘条件，让学生了解 MySQL 程序开发规范的重要性，培养学生的职业素质和平道德规范。

2. 通过布置规划与开发数据库学习任务，培养学生热爱科学、实事求是，以及小组团队互助的团队精神。

● 素质园地

1. 引导学生分析软件工程岗位。这些岗位包括程序员、软件系统运维人员、软件测试员、售前售后服务人员等。在这些职业岗位上，精益求精地将数据库设计、程序开发、系统运维、程序测试、需求分析及数据运维、数据安全技术问题处理等工作内容完成好，保证软件系统运行时正确、稳定，保证客户的需求被精确采集和纳入软件开发计划，保证软件运行时遇到问题能被及时解决。

2. 在学习数据库设计时，引导学生将知识夯实、精技强能，方能在今后工作中本领过硬，不出纰漏，工作成果令用户满意。

项目 10 使用 PowerDesigner 设计数据库

项目简介

为了帮助数据库设计人员进行数据库的设计,开发商专门提供了许多设计软件,比较著名的有 Rational Rose 和 PowerDesigner。本项目将详细介绍 PowerDesigner 的相关知识。PowerDesigner 是 Sybase 公司的 CASE 工具集,其模块化的工具集使用方便,可以根据信息系统的项目规模来选择需要的开发工具,是数据库开发过程中需求设计人员、系统分析人员、数据库管理员 DBA 和开发人员最重要的建模软件。利用它可以方便地对数据库系统进行分析设计,其功能涵盖了数据库模型设计的全过程。项目 10 知识要点如图 10-1 所示。

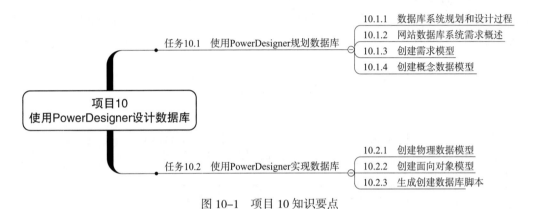

图 10-1 项目 10 知识要点

单词学习

1. Case 用例
2. Require 需求
3. Design 设计
4. ROM 需求模型
5. CDM 概念数据模型
6. OOM 面向对象模型
7. PDM 物理数据模型
8. Reverse Engineering 反向工程

任务 10.1 使用 PowerDesigner 规划数据库

利用 PowerDesigner 可以快速实现数据库的需求模型、业务处理模型、概念模型、物理模型、面向对象模型等各类模型的设计和建模,并且可以直接生成 MySQL 数据库的脚本,极大地缩短了数据库系统的开发时间,优化了数据库的设计过程,为数据库的开发提供了一个完整的建模解决方案。

10.1.1 数据库系统规划和设计过程

数据库系统的全生命周期设计过程,其设计和分析主要包括 3 个阶段:数据库系统需求分析、数据库系统分析和实现和数据库系统实现。

(1)数据库系统需求分析:数据库需求分析人员进行项目调研,深入了解和分析信息系统项目具体需求，并可使用CASE建模工具，进行需求模型设计，以清晰项目包括的所用需求用例，并建立详细的用例说明，指导后续的分析和设计。

（2）数据库系统分析和实现：数据库分析人员参与信息系统分析，进行数据库的具体分析和设计，并可以使用数据库系统分析建模工具，进行详细的数据库中实体和关系的设计，便于检查数据库系统设计的完整性，为后续实现数据库表进行准备。

（3）数据库系统实现：数据库程序员根据数据库概念设计，根据设计要求，进行模型转换，最终可以直接生成SQL代码，从而获得完整的数据库实现。

根据数据库系统开发人员的设计和分析的三个主要阶段（见图10-2），使用Power Designer进行数据库系统的设计和分析，并以业务需求作为出发点，其系统设计过程可以包括：创建需求模型、概念模型、面向对象模型、物理模型和生成数据库脚本等不同阶段。

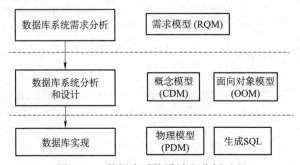

图10-2　数据库系统设计和分析过程

10.1.2　网站数据库系统需求概述

IEEE将软件工程中的"需求"定义为：用户解决某个问题或达到某个目标所要具备的条件或能力。通过项目的需求采集活动，需求分析人员将采集到的项目原始需求，进行讨论、分析、整理和归纳，最终形成系统的、明确的数据库系统的用户需求。

【示例10.1】　对网上书城的数据库需求进行分析，得出用户需求分析。

数据库需求分析人员通过网上书城进行需求分析，得出了数据库系统的具体需求如下：

（1）网上书城的用户分为两类：

注册的购物顾客：能够对网上书城展示的各类书籍进行浏览，发送订单。

书城管理员：能够管理网上书城后台，对管理后台各类信息进行更改，能够浏览网上书城前台各类信息。

（2）网上书城需求包括以下功能：账号管理、书籍管理、书籍分类管理、订单管理、评论管理等功能。

账号管理：书城管理员进行管理后台注册和登录。

书籍管理：书城管理员进行书籍详情信息的发布和修改。

书籍分类管理：管理员进行书籍分类的查询、新增、修改和删除。

订单管理：管理员进行订单详情的修改。

评论管理：管理员在后台管理系统对评论进行管理，包括评论的查看和删除。

10.1.3 创建需求模型

在数据库设计过程中，需求分析越来越受到更多的重视，一个成功的项目是从正确的需求分析开始的。根据需求分析人员提供的用户需求，PowerDesigner 能够利用需求分析建模工具，将用户需求转化为软件模型，即需求模型（Requirements Model，RQM）。下面对 PowerDesigner 中需求模型的功能进行简要描述，从而使读者对 ROM 建模有所了解。

【示例 10.2】 选取网上书城购物模块，使用 PowerDesigner 将网上书城的用户需求，转化为需求模型。

（1）从 Power Designe 主窗口中选择"File"→"New"菜单项，从弹出的"New Model"（新建模型）对话框中选择"Model types"→"Requirements Model"→"Requirements Document View"选项，如图 10-3 所示，文件名保存为"bookshop_RQM"。

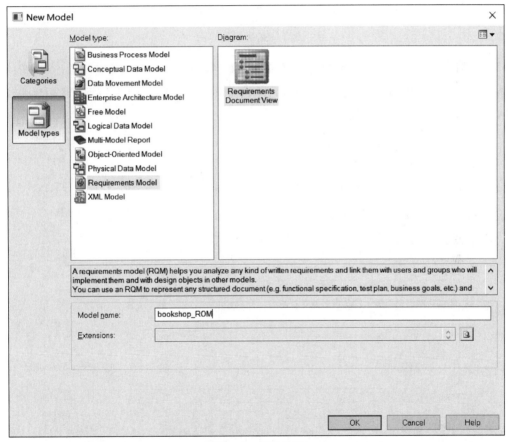

图 10-3 创建 RQM

（2）通过二维表格的方式创建 RQM 模型，以每行分层的方式表示数据库系统的每一条管理需求，下面的各行是每条需求的内容行，可以编写每个单元格的内容，如图 10-4 所示。

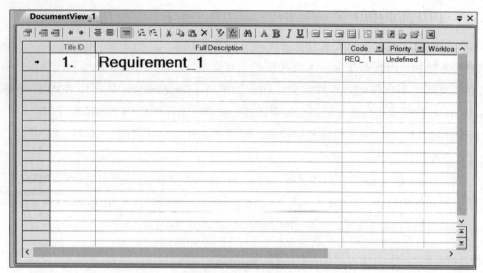

图 10-4 RQM 模型界面

（3）可以直接在需求文档窗口的编辑区域编辑主要属性，也可双击某行前面 图标，或单击某行后的"Properties"选项，打开属性编辑窗口，如图 10-5 所示。进行需求内容编辑，并单击"确定"，生成一条需求内容。

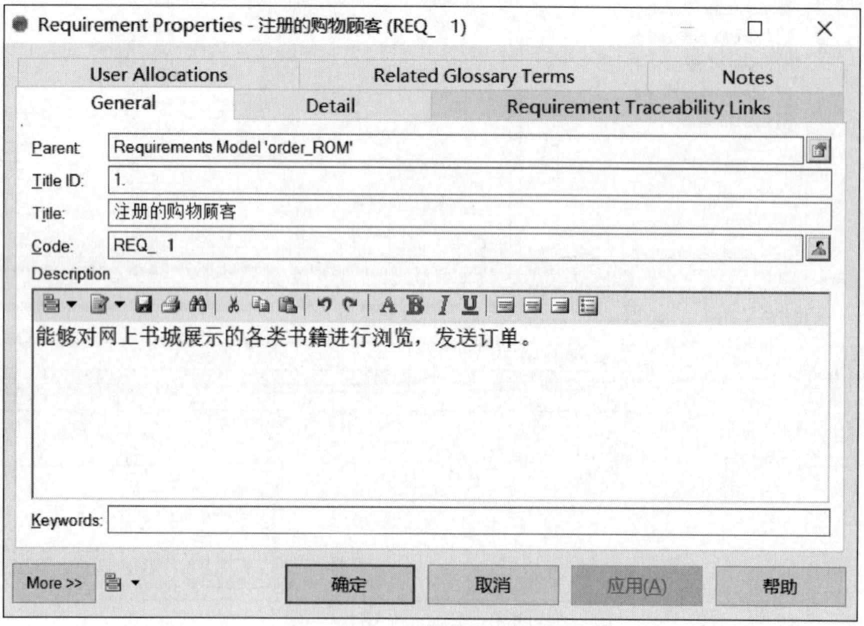

图 10-5 编辑 RQM 中的需求

（4）依据系统需求，依次为每一条用户需求编辑需求内容。选择某个需求后，单击工具栏中的"Insert an Sub-Object"按钮，也可创建所选中需求的子需求，如图 10-6 所示，这里不再详细介绍。

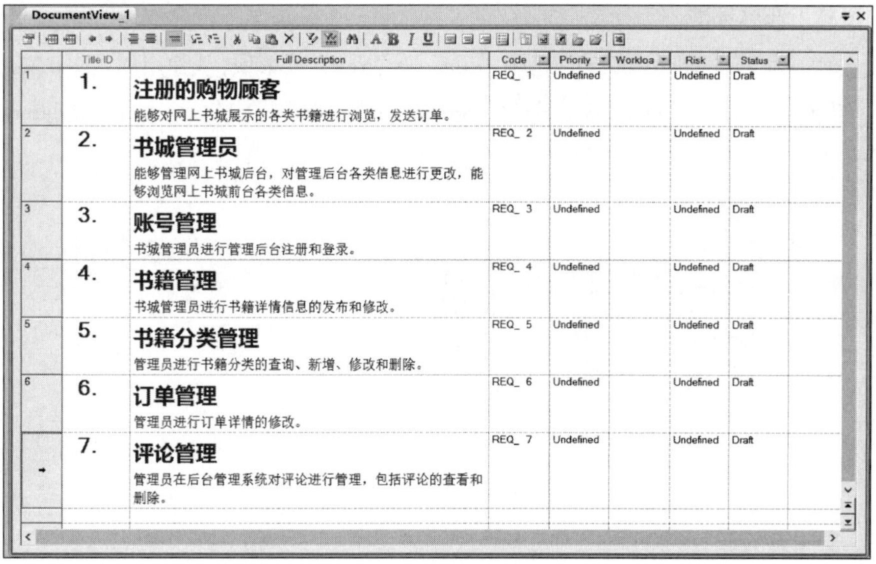

	Title ID	Full Description	Code	Priority	Workloa	Risk	Status
1	1.	注册的购物顾客 能够对网上书城展示的各类书籍进行浏览，发送订单。	REQ_ 1	Undefined		Undefined	Draft
2	2.	书城管理员 能够管理网上书城后台，对管理后台各类信息进行更改，能够浏览网上书城前台各类信息。	REQ_ 2	Undefined		Undefined	Draft
3	3.	账号管理 书城管理员进行管理后台注册和登录。	REQ_ 3	Undefined		Undefined	Draft
4	4.	书籍管理 书城管理员进行书籍详情信息的发布和修改。	REQ_ 4	Undefined		Undefined	Draft
5	5.	书籍分类管理 管理员进行书籍分类的查询、新增、修改和删除。	REQ_ 5	Undefined		Undefined	Draft
6	6.	订单管理 管理员进行订单详情的修改。	REQ_ 6	Undefined		Undefined	Draft
	7.	评论管理 管理员在后台管理系统对评论进行管理，包括评论的查看和删除。	REQ_ 7	Undefined		Undefined	Draft

图 10-6 RQM 中的需求

10.1.4 创建概念数据模型

在之前的内容，已经学习了 E-R 图的设计过程，E-R 图是以实体和联系理论为基础，从用户需求中找出客观事物对应的实体，以及实体之间的关系（包括一对一、一对多、多对多等关系），并用 E-R 图描述出来。E-R 图从用户需求的观点出发，对数据库系统进行建模，主要用于数据库的概念设计。

根据需求分析人员提供的用户需求，PowerDesigner 能够利用概念设计建模工具，将用户需求转化为数据库概念设计模型，即概念数据模型（Conceptual Data Model，CDM），这些模型元素精确地描述了系统的静态特性及完整性约束条件等。使用 PowerDesigner 建立的 CDM 比 E-R 更清晰，建模操作更方便，更能为后续的建模提供帮助。下面对 PowerDesigner 中概念模型的功能进行简要描述，从而使读者对 CDM 建模有所了解。

【示例 10.3】 根据网上书城用户需求，找出所有的实体，使用 PowerDesigner 将用户需求，转化为概念数据模型。

1. 分析网上书城实体

从网上书城用户需求中，找出对应的实体，具体如下。

顾客：顾客 ID、顾客名称、电话、地址

管理员：管理员 ID、管理员名称

书籍分类：分类 ID、分类名

书籍商品：书籍 ID、书籍名称、书籍价钱

订单：订单 ID、订单价钱

评论：评论 ID、评论内容

购物车：详情 ID、数量

2. 设置工作区环境

（1）从 Power Designer 主窗口中选择"File"→"New"菜单项，从弹出的"New Model"（新建模型）对话框中选择"Model types"→"Conceptual Data Model"→"Conceptual Diagram"选项，如图 10-7 所示，文件名保存为"bookshop_CDM"。

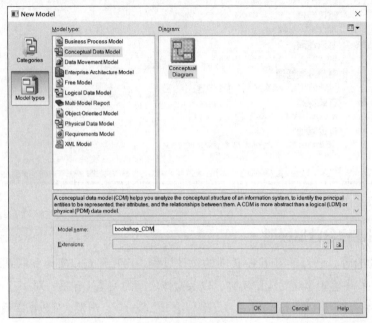

图 10-7　编辑 CDM

（2）在主界面的右侧，可以看到"Toolbox"工具栏，CDM 设计工具面板如图 10-8 所示。

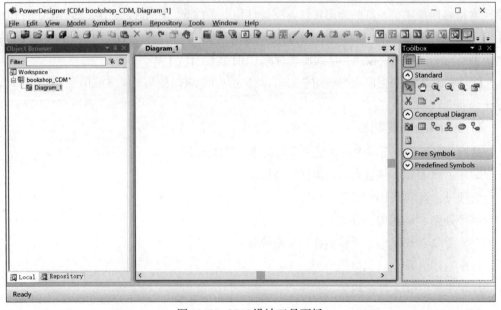

图 10-8　CDM 设计工具面板

3. 创建新实体和设置实体属性 – 分类实体

（1）在 CDM 设计工具面板的 Toolbox 工具栏中，单击"Entity"工具，再单击面板空白处，在单击的位置处出现一个实体符号，释放 Entity 工具，在 CDM 图中添加前面步骤分析出的 7 个实体，如图 10-9 所示。

图 10-9　CDM 图中的实体

（2）右击添加的实体，在弹出的快捷菜单中选择"Properties"命令，在弹出的实体属性编辑窗口中选择"General"选项卡，输入实体的名称、代码、描述等信息。选择"Attribute"选项卡，可编辑用户的各个属性，如图 10-10 所示。

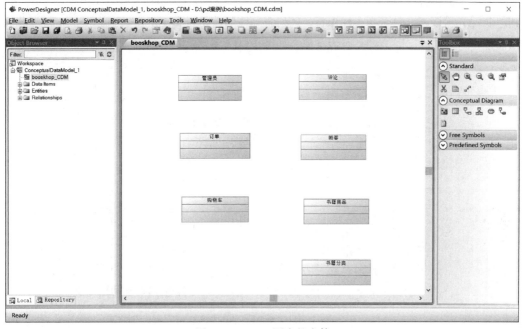

图 10-10　编辑实体

① Name 选项：用来标示实体名称，主要用于便于其他人员查看。

② Code 选项：用来标示实体代码，主要用于创建表格时使用。

③ Comment 选项：对实体进行注释。

（3）在 Attributes 选项卡里添加并编辑每一个属性的 Name(属性中文名)、Code(属性英文名)、DataType(属性数据类型)、Length(数据类型长度)，对该属性约束，选中相应的约束，其中 P 列表示该属性是否为主标识符，D 列表示该属性是否在图形窗口中显示，M 列表示该属性是否为强制的，即该列是否为空值，如图 10-11 所示。

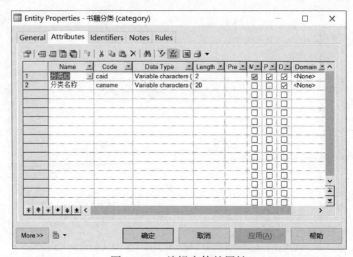

图 10-11　编辑实体的属性

4. 为实体间添加关系

（1）建立书籍类别和书籍商品两个实体之后，选择面板中的"Relationship"工具栏，为实体之间添加关系，添加"Relationship"的方法是从一个 Entity 连接到另一个 Entity，如图 10-12 所示。

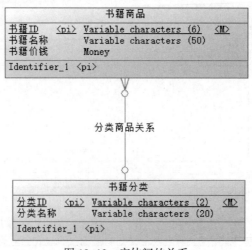

图 10-12　实体间的关系

（2）成功添加实体间的关系成功后双击关系图标，弹出 Relationship Properties 对话框，然后在该对话框中设置 General 选项卡，以实现设置关系的普通属性，具体设置信息如图 10-13 所示。

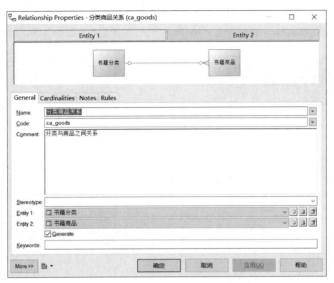

图 10-13　设置关系的普通属性

（3）建立两个实体之后，为这两个实体之间添加一对多的关系，如图 10-14 所示，并选择联系的基数"Cardinality"，以实现设置管理员实体和书籍商品实体之间的关系。一个分类可能有 0 到多个书籍商品，但是一个书籍商品必须属于一个分类。

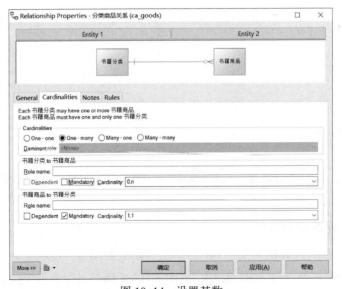

图 10-14　设置基数

在 Relationship Properties 对话框的 Cardinalities 选项卡中，存在一个 Cardinalities 选项组，其可以用来设置实体间的各种关系，它们分别为：

① One-One 选项：设置实体间的关系为一对一。
② One-Many 选项：设置实体间的关系为一对多。
③ Many-One 选项：设置实体间的关系为多对一。
④ Many-Many 选项：设置实体间的关系为多对多。

（4）依次编写所有实体，并建立各个实体之间的关系，完成的 CDM 设计如图 10-15 所示。

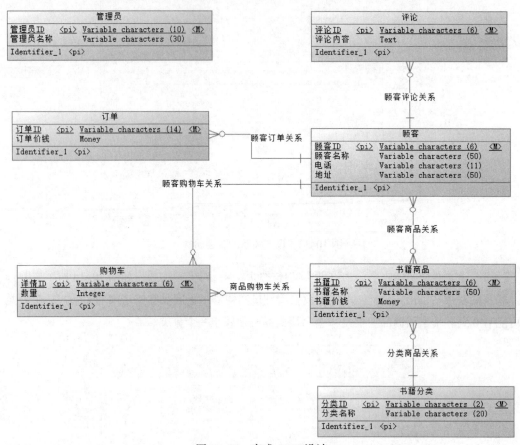

图 10-15　完成 CDM 设计

任务 10.2　使用 PowerDesigner 实现数据库

10.2.1　创建物理数据模型

要将 CDM 转换为计算机上某个 DBMS 所支持的数据模型，这就是 PowerDesigner 模型中的物理数据模型（Physical Data Model，PDM）。PDM 模型可以根据使用者想要使用的数据库管理系统的类型，生成支持不同数据库类型的 PDM 模型，从而完成多种常用数据库的物理模型设计。可以根据当前的 PDM 模型设计生成 SQL 脚本，支持数据库的创建，也可以从数据库物理结构，利用反向工程，转换为 PDM 模型。利用 PDM 可以转换为 CDM、LDM、

OOM、XML 等多种数据库模型，为数据库的设计和分析提供帮助。

【示例 10.4】 使用 PowerDesigner 将网上书城的概念数据模型设计转换为物理数据模型。

（1）利用 PowerDesigner 软件打开概念数据模型图（CDM），其主界面如图 10-16 所示。

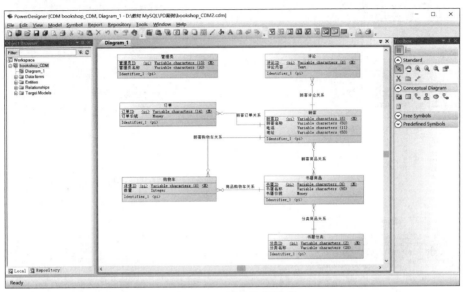

图 10-16　概念数据模型

（2）如果要生成物理数据模型，首先从 Power Designer 主窗口中选择"Tools"→"Generate Physical Data Model"命令。弹出"PDM Generation Option"对话框，然后在该对话框中设置 DBMS 为 MySQL 5.0，同时设置 Name 和 Code 的信息分别为 bookshop-PDM，具体信息如图 10-17 所示。最后单击"确定"按钮即可生成并进入物理数据模型主界面。

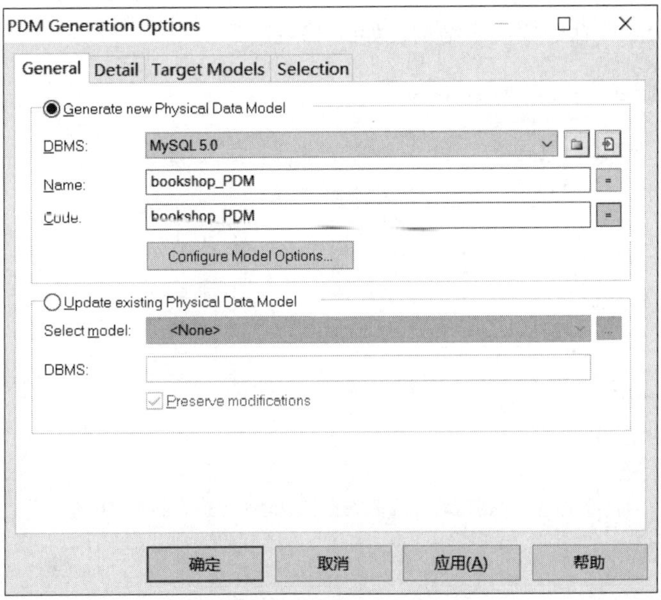

图 10-17　设置 PDM 各选项

（3）在物理数据模型主界面中，会根据概念数据模型，结合所选的数据库管理系统设计出合理的表和表间的关系。具体信息如图 10-18 所示。

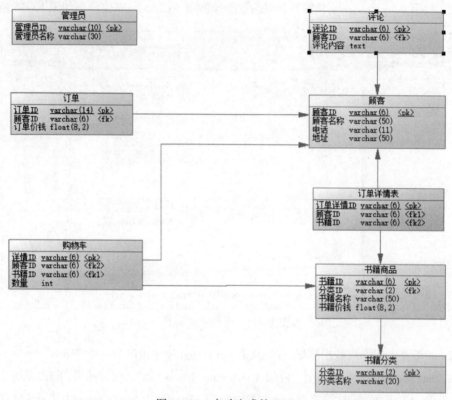

图 10-18　自动生成的 PDM

（4）在转换好的 PDM 模型中，检查每一个表结构，例如右击顾客表，在弹出的快捷菜单中选择"Properties"命令检查表结构，如图 10-19 所示。

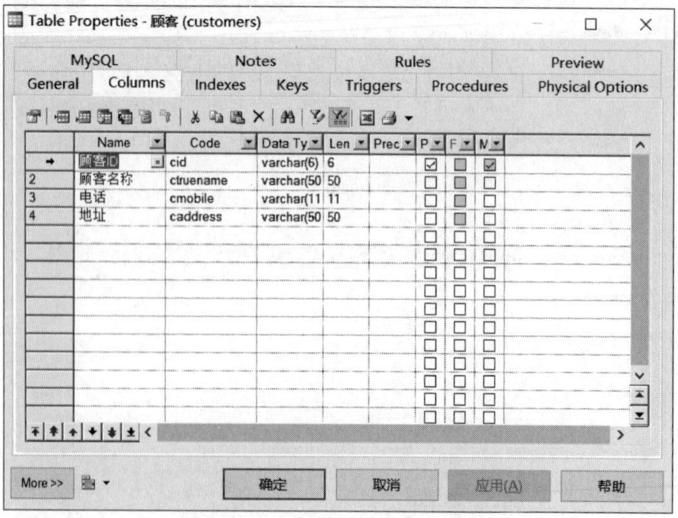

图 10-19　PDM 中的表结构

按照 CDM 中的实体关联关系，顾客和书籍商品是多对多的关联关系，因此在 PDM 中的顾客商品关系结构将自动增加顾客 ID 和书籍 ID，顾客 ID 和书籍 ID 分别成为顾客商品关系表的外键，如图 10-20 所示。可手动增加该表的主键，并修改表的名字，如图 10-21 所示。外键关系将在 PDM 中自动生成。

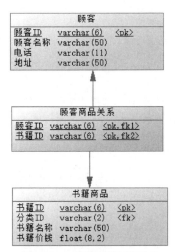
图 10-20　顾客商品关系表

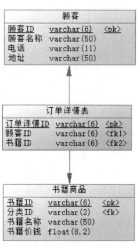
图 10-21　订单详情表

10.2.2　创建面向对象模型

面向对象模型（Object-Oriented Model，OOM），是利用统一建模语言（UML）来描述应用软件系统结构的模型，是从软件开发的角度，帮助数据库系统分析人员和应用程序开发人员进行沟通。

OOM 包括了一系列包、类、接口和它们的关系，描述了该数据库对应的软件系统的逻辑设计，这些元素构成了软件开发视图的类结构，从本质上说，OOM 是软件系统的一中静态结构的概念模型。OOM 可以独立创建，也可以从其他模型（如 CDM 或者 PDM）经过转换生成。在转换生成 OOM 时，可以选择指定的编程语言进行转换，从而生成不同语言的源文件（如 Java、C# 等），也可以利用逆向工程将不同类型的源文件转换成相应的 OOM。注意 OOM 和关系模型并不是完全匹配的，在将关系模型转换为 OOM 时候要注意检查对象之间的关联关系，这里不再详述。

【示例 10.5】使用 PowerDesigner 将网上书城概念设计模型设计，转化为面向对象模型。

打开 PowerDesigner 中的 CDM 建模文件 bookshop_CDM，从 Power Designer 主窗口中选择"Tools"→"Generate Object-Oriented Model"菜单项，弹出如图 10-22 所示的对话框。

选择"Generate new Object-Oriented Model"单选按钮，在"Object language"下拉列表中选择 Java，文件名的 Name 和 Code 选项设置为"bookshops_OOM"，单击"确定"按钮，生成如图 10-23 所示的 OOM 模型，该模型实际上为 UML 中的类图模型。

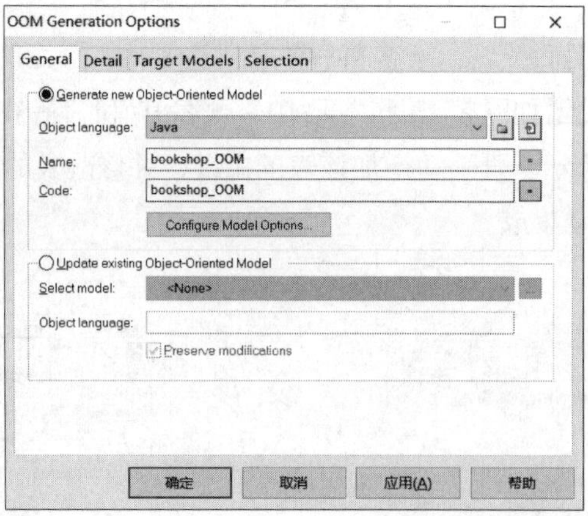

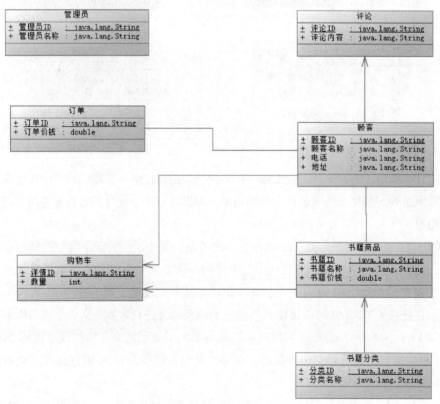

图 10-22 生成 OOM 的选项设置

图 10-23 自动生成的 OOM

10.2.3 生成创建数据库脚本

PDM 是数据库物理结构设计的结果,根据 PDM 结构,接下来可以进入数据库实施阶段,使用 PDM 创建数据库脚本,即将设计好的 PDM 自动生成数据库表结构的 SQL 代码。

【示例 10.6】 使用 PowerDesigner 将网上书城的物理数据模型转换为数据库 SQL 代码,并在 MySQL 的命令行中创建数据库 bookshop_db,生成相应的表结构。

(1)打开 PowerDesigner 中的 PDM 建模文件 bookshop_PDM,其主要界面如图 10-24 所示。

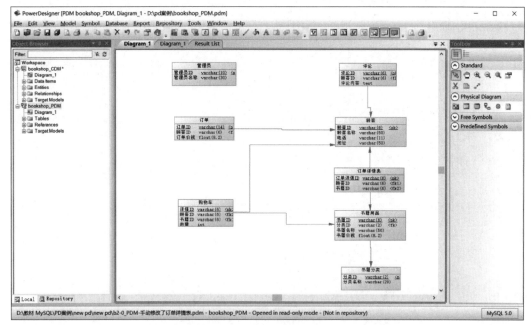

图 10-24　PDM 模型

(2)从 PowerDesigner 主窗口中选择 "Database" → "Generate Database" 菜单项,弹出生成 SQL 脚本的对话框,如图 10-25 所示。

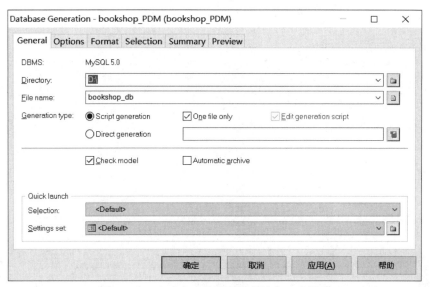

图 10-25　自动生成数据库脚本的窗口选择项

(3)在图 10-25 所示对话框的 "Directory" 选项中选择保存 SQL 脚本的文件夹位置,在 "File name" 选项中设置 SQL 脚本文件的名称为 bookshop_db.sql,单击 "确定" 按钮自动生成数据库脚本文件。打开 bookshop_db.sql,查看生成的 SQL 脚本如下。

```sql
/*==============================================================*/
/* DBMS name:      MySQL 5.0                                    */
/* Created on:     2016/11/25 21:27:41                          */
/*==============================================================*/
drop table if exists category;
drop table if exists comment;
drop table if exists cu_goods;
drop table if exists customers;
drop table if exists goods;
drop table if exists manager;
drop table if exists orders;
drop table if exists shopcar;
/*==============================================================*/
/* Table: category                                              */
/*==============================================================*/
create table category
(
   caid                 varchar(2) not null,
   caname               varchar(20),
   primary key (caid)
);
/*==============================================================*/
/* Table: comment                                               */
/*==============================================================*/
create table comment
(
   cmid                 varchar(6) not null,
   cid                  varchar(6) not null,
   cmcontent            text,
   primary key (cmid)
);
/*==============================================================*/
/* Table: cu_goods                                              */
/*==============================================================*/
create table cu_goods
(
   cid                  varchar(6) not null,
   gid                  varchar(6) not null,
   primary key (cid, gid)
);
alter table cu_goods comment '顾客商品之间的关系';
/*==============================================================*/
/* Table: customers                                             */
/*==============================================================*/
create table customers
(
   cid                  varchar(6) not null,
   ctruename            varchar(50),
   cmobile              varchar(11),
   caddress             varchar(50),
   primary key (cid)
```

```sql
);
/*==============================================================*/
/* Table: goods                                                 */
/*==============================================================*/
create table goods
(
   gid                  varchar(6) not null,
   caid                 varchar(2),
   gname                varchar(50),
   gprice               float(8,2),
   primary key (gid)
);
/*==============================================================*/
/* Table: manager                                               */
/*==============================================================*/
create table manager
(
   maid                 varchar(10) not null,
   maname               varchar(30),
   primary key (maid)
);
/*==============================================================*/
/* Table: orders                                                */
/*==============================================================*/
create table orders
(
   oid                  varchar(14) not null,
   cid                  varchar(6) not null,
   osum                 float(8,2),
   primary key (oid)
);
/*==============================================================*/
/* Table: shopcar                                               */
/*==============================================================*/
create table shopcar
(
   orid                 varchar(6) not null,
   cid                  varchar(6) not null,
   gid                  varchar(6) not null,
   odnumber             int,
   primary key (orid)
);
alter table comment add constraint FK_cu_comment foreign key (cid)
      references customers (cid) on delete restrict on update restrict;
alter table cu_goods add constraint FK_cu_goods foreign key (cid)
      references customers (cid) on delete restrict on update restrict;
alter table cu_goods add constraint FK_cu_goods2 foreign key (gid)
      references goods (gid) on delete restrict on update restrict;
alter table goods add constraint FK_ca_goods foreign key (caid)
      references category (caid) on delete restrict on update restrict;
alter table orders add constraint FK_cu_order foreign key (cid)
```

```
            references customers (cid) on delete restrict on update restrict;
    alter table shopcar add constraint FK_cu_shopcar foreign key (cid)
            references customers (cid) on delete restrict on update restrict;
    alter table shopcar add constraint FK_goods_shopcar foreign key (gid)
            references goods (gid) on delete restrict on update restrict;
```

（4）在 MySQL Command Line Client 中登录 MySQL，在 MySQL 命令行中，创建数据库名称为 bookshop_db 的数据库，并在此数据库中运行以上自动生成的 SQL 代码。查询数据库中生成的数据库表，查询结果如下所示。

项目 11

Java Web 程序操作 MySQL 数据库

学习目标

● 知识目标

1. 了解 JDBC 操作 MySQL 的原理。
2. 理解 JDBC 操作 MySQL 操作流程。
3. 掌握 JSP 访问和操作 MySQL 数据库。
4. 掌握使用 JSP 对数据进行增删改查操作。

● 能力目标

1. 具备使用 JDBC 操作 MySQL 数据库的能力。
2. 具备使用 JSP 对数据进行增删改查的能力。
3. 能够运用 JSP 对网上书城系统实现数据操作。
4. 能够运用 JSP 实现简单的网站项目后台。

● 素质目标

1. 通过角色扮演、现场练习等方向，让学生学会职场着装、沟通艺术，以及礼貌性用语，学会巧妙赞美。
2. 通过团队协作，让学生关注细节，换位思考。训练完后，每天对所学的礼仪深化练习，检查仪容仪表，培养学生良好的工作习惯。

● 素质园地

1. 步入职场既要注意外在的礼仪形象，更要培养内在气质修养，形成良好的内在修养。
2. 礼仪教育则是学生素质教育的基本内容和具体表征，可以有效地改善学生的公众形象，提升个人修为和职业素养。让学生通过得体的外在形象表达尊重的内在情感。

项目简介

任何一种编程语言都需要对数据进行处理，Java 语言更是如此。Java 是由 SUN 公司开发的面向对象的程序设计语言，其具有卓越的通用性、高效性、平台移植性和安全性。Java 所支持的数据库类型较多，在这些数据库中，由于 MySQL 跨平台性、可靠性、访问效率较高以及免费开源等特点，备受 Java 开发者的青睐。项目 11 知识要点如图 11-1 所示。

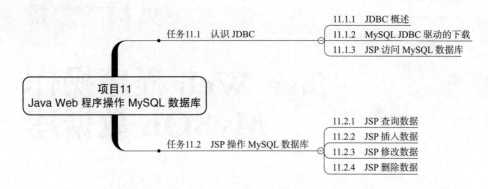

图 11-1　项目 11 知识要点

单词学习

1. Connectivity 连通性
2. Statement 声明
3. Driver 驱动
4. Execute 执行
5. Project 项目
6. Border 边框
7. Import 导入
8. Response 响应

任务 11.1　认识 JDBC

11.1.1　JDBC 概述

JDBC（Java Data Base Connectivity，Java 数据库连接）是一种用于执行 SQL 语句的 Java API，可以为多种关系数据库提供统一的 Java 应用程序访问，该 API 是由 Java 语言编写的类和接口组成。JDBC 为 Java 程序员提供了开发应用程序的标准开发接口，使得应用程序开发人员能够用纯 Java API 编写访问数据库的应用程序，其也为数据库厂商及第三方中间件厂商提供了实现与数据库连接的标准方法。JDBC 支持 SQL 标准，也可以支持其他数据库厂商的数据库连接标准，其访问和操作十分方便，对于基于数据库的应用程序开发效果很好。

JDBC 支持在 Java 应用程序中直接调用 SQL 命令，对数据库应用程序进行增加、删除、修改、查询各种操作，并支持存储过程的调用，这使得 JDBC 被设计成为一种"低级"的基础接口。因此，在 JDBC 之上，还可以建立高级接口和工具，例如 Java 的高级数据库接口 Hibernate。Hibernate 是一种开源的对象关系映射 Java 框架，它对 JDBC 进行了轻量级的对象封装，它将数据库表与 Java 对象类建立映射关系，使 Java 程序员可直接对 Java 数据库对象类进行操作，借助 Java 数据库对象类存取数据，并掩盖了所需的 SQL 语句的调用，能够自动生成对应操作的 SQL 语句，并提供了数据库对象类之间复杂的关系映射。

JDBC 使得软件开发人员能够从复杂的驱动程序编写工作中解脱出来，专注程序业务逻辑的开发，并能够支持多种数据库产品，大大增加了应用程序的可移植性。因为 JDBC 并不能直接访问数据库，还需要依赖于数据库厂商提供的 JDBC 驱动，才能连接该厂商的数据库产品。对于 MySQL 数据库而言，数据库厂商也提供了对应的 JDBC，即 MySQL JDBC，它是数据库厂商为 MySQL 数据库专门编写的 JDBC API，专门用于访问和操作 MySQL 数据库。

11.1.2　MySQL JDBC 驱动的下载

MySQL JDBC 是 MySQL 官方 JDBC 驱动程序，是使用 Java 语言专门为 MySQL 数据库编写的驱动程序，可以在 Oracle 的官方网站上下载最新版本。

【示例 11.1】　在 MySQL 官方 JDBC 驱动程序官网上下载 MySQL JDBC 驱动。

（1）在浏览器中输入网址 http://www.mysql.com/products/connector/，可以下载目前 MySQL 最新版的数据库驱动，如图 11-2 所示。

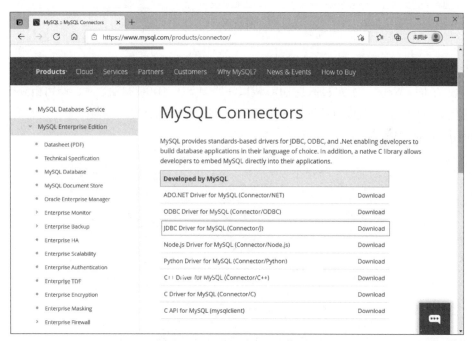

图 11-2　MySQL JDBC 下载地址

（2）选择"JDBC Driver for MySQL（Connector/J）"选项，单击"Download"超链接，如图 11-3 所示，需要使用免费注册的 Oracle 的账号登录成功后才能下载，将其中的 Java 数据库驱动包 mysql_connector-java-5.1.40-bin.jar 成功下载后，以备后续程序开发时加载驱动程序时使用。

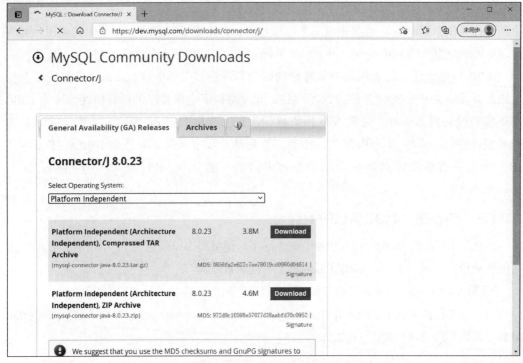

图 11-3　下载 MySQL 驱动

11.1.3　JSP 访问 MySQL 数据库

开发的 Java Web 应用程序通过 JDBC 接口注册 MySQL JDBC 驱动程序，调用相应接口程序，访问数据库。Java 可以直接操作 SQL 代码，实现数据库的增加、删除、修改、查询操作，数据库访问的操作关系如图 11-4 所示。

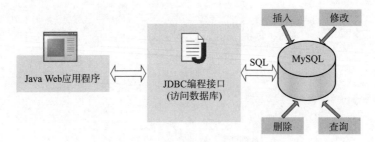

图 11-4　数据库访问时的操作关系

JDBC 驱动程序是数据库访问接口，其中一些常用的类和接口如下：

（1）Driver：当前数据库本身的驱动。

（2）DriverManager：管理 Driver。

（3）Connection：连接数据库。

（4）Statement：执行 sql 语句。

（5）ResultSet：执行查询语句后返回的查询结果集。

（6）PreparedStatement：预编译的 Statement。

（7）CallableStatement：执行存储过程。

【示例 11.2】 使用 JSP 应用程序连接 MySQL 数据库 bookshop。

本项目案例选择 Myeclipse 作为 Java 程序开发的 IDE，也可以选择任意 Java IDE 进行程序开发。打开 Myeclipse，新建一个 Web Project 工程 bookshop，将下载的 MySQL 驱动程序 mysql_connector-java-5.1.40-bin.jar 直接复制到工程根目录下面的 "WebRoot—WEB-INF—lib" 文件夹中即可，Myeclipse 会自动引入该驱动 jar 包，为 Java 数据库应用程序开发提供类和接口的使用。代码如下所示：

```jsp
<%@ page contentType="text/html;charset=GB2312" language="java" %>
<%@ page import="java.sql.*"%>
<html>
<head><title>查询MYSQL数据库</title></head>
<%
    Connection conn=null;
    Statement stmt=null;
    ResultSet rs=null;
    //mysql数据库连接属性设置
    String dbDriver="com.mysql.jdbc.Driver";
    String dbUrl="jdbc:mysql://127.0.0.1:3306/bookshop?useUnicode=
    true&characterEncoding=gbk";
    String dbUser="root";
    String dbPwd="root";
    try{
        Class.forName(dbDriver); //加载驱动
        conn=DriverManager.getConnection(dbUrl, dbUser, dbPwd);  //连接数据库
        stmt=conn.createStatement();
        String strSql="select maid, maname,masex,mamobile,maemail from manager";
        rs=stmt.executeQuery(strSql);
%>
<center><h2>查询管理员用户表信息</h2></center>
<table border="1" align="center">
    <tr>
        <th>ID</th>
        <th>账号</th>
        <th>性别</th>
        <th>手机</th>
        <th>邮件</th>
    </tr>
    <% while(rs.next()){%>
    <tr >
        <td><%=rs.getString("maid") %></td>
        <td><%=rs.getString("maname") %></td>
        <td><%=rs.getString("masex") %></td>
        <td><%=rs.getString("mamobile") %></td>
        <td><%=rs.getString("maemail") %></td>
```

```
            </tr>
<% }%>
<%
}catch(Exception e){
    out.println(e.getMessage());
}finally{
    if(rs!=null) rs.close();
    if(stmt!=null) stmt.close();
    if(conn!=null) conn.close();
}
%>
</table>
```

程序通过 java.lang.Class 类的静态方法 forName(String className) 实现加载 MySQL 驱动。成功加载后,会将 Driver 类的实例注册到 DriverManager 类中。DriverManager 使用数据库地址、账号和密码进行数据库的连接操作。在使用连接后,一定要 finally 语句块中,关闭数据库连接,这样可以节省数据库连接的资源。

编写好测试代码后,将项目工程载入 Tomcat,发布该 Web 应用,并在浏览器中输入网址 http://127.0.0.1:8080/bookshop/connMysql.jsp 进行数据库连接的测试,测试成功后,如图 11-5 所示。

图 11-5 数据库访问成功

任务 11.2 JSP 操作 MySQL 数据库

11.2.1 JSP 查询数据

【示例 11.3】 使用 JSP 应用程序查询 MySQL 数据库 bookshop。

```
<%@ page contentType="text/html;charset=GB2312" language="java" %>
<%@ page import="java.sql.*"%>
<html>
<head><title> 查询 MYSQL 数据库 </title></head>
<%
    Connection conn=null;
    Statement stmt=null;
```

```
        ResultSet rs=null;
        //mysql 数据库连接属性设置
        String dbDriver="com.mysql.jdbc.Driver";
        String dbUrl="jdbc:mysql://127.0.0.1:3306/bookshop?useUnicode=
        true&characterEncoding=gbk";
        String dbUser="root";
        String dbPwd="root";
        try{
            Class.forName(dbDriver); // 加载驱动
            conn=DriverManager.getConnection(dbUrl, dbUser, dbPwd); // 连接数据库
            stmt=conn.createStatement();
            String strSql="select maid, maname,masex,mamobile,maemail from manager";
            rs=stmt.executeQuery(strSql);
        %>
        <center><h2>查询管理员用户表信息</h2></center>
        <table border="1" align="center">
            <tr>
                <th>ID</th>
                <th> 姓名 </th>
                <th> 性别 </th>
                <th> 手机 </th>
                <th> 邮件 </th>
            </tr>
            <% while(rs.next()){%>
            <tr >
                <td><%=rs.getString("maid") %></td>
                <td><%=rs.getString("maname") %></td>
                <td><%=rs.getString("masex") %></td>
                <td><%=rs.getString("mamobile") %></td>
                <td><%=rs.getString("maemail") %></td>
            </tr>
        <% }%>
        <%
        }catch(Exception e){
            out.println(e.getMessage());
        }finally{
            if(rs!=null) rs.close();
            if(stmt!=null) stmt.close();
            if(conn!=null) conn.close();
        }
%>
</table>
```

编写好测试代码后，将项目工程载入 Tomcat，发布该 Web 应用，并在浏览器中输入 http://127.0.0.1:8080/bookshop/selectMysql.jsp 进行数据库查询的测试，测试成功界面，如图 11-6 所示。

MySQL 数据库原理及应用

图 11-6　管理员信息查询

11.2.2　JSP 插入数据

【示例 11.4】　使用 JSP 应用程序插入数据到 MySQL 数据库 bookshop。

```jsp
<%@ page contentType="text/html;charset=GB2312" language="java" %>
<%@ page import="java.sql.*"%>
<html>
<head><title>插入数据到 MySQL 数据库</title></head>
<%
    Connection conn=null;
    Statement stmt=null;
    //mysql 数据库连接属性设置
    String dbDriver="com.mysql.jdbc.Driver";
    String dbUrl="jdbc:mysql://127.0.0.1:3306/studio_db?useUnicode=true&characterEncoding=gbk";
    String dbUser="root";
    String dbPwd="root";
    try{
        Class.forName(dbDriver); //加载驱动
        conn=DriverManager.getConnection(dbUrl, dbUser, dbPwd); //连接数据库
        stmt=conn.createStatement();
        int aid=4;s
        String account="webadmin";
        String password="666";
        String aname=" 刘青 ";
        String aemail="liuqiang@163.com";
        StringstrSql="insertinto admin values("+aid+",'"+account+"','"+password+"','"+aname+"','"+aemail+"')";
        int intTemp=stmt.executeUpdate(strSql);
        if(intTemp!=0){
            out.println(" 管理员用户插入成功！");
            response.setHeader("refresh","3;URL=selectMysql.jsp");
        }
        else{
            out.println(" 管理员用户插入失败！");
```

```
        }
    }catch(Exception e){
        out.println(e.getMessage());
    }finally{
        if(stmt!=null) stmt.close();
        if(conn!=null) conn.close();
    }
%>
```

编写好测试代码后，将项目工程载入 Tomcat，发布该 Web 应用，并在浏览器中输入 http://127.0.0.1:8080/bookshop/insertMysql.jsp 进行数据库插入数据的测试，测试成功界面如图 11-7 和图 11-8 所示。

图 11-7　管理员插入成功

图 11-8　管理员信息查询

11.2.3　JSP 修改数据

【示例 11.5】　使用 JSP 应用程序在 MySQL 数据库中程序修改数据。

```
<%@ page contentType="text/html;charset=GB2312" language="java" %>
<%@ page import="java.sql.*"%>
<html>
```

```jsp
<head><title>修改数据</title></head>
<%
    Connection conn=null;
    Statement stmt=null;
    //mysql数据库连接属性设置
    String dbDriver="com.mysql.jdbc.Driver";
    String dbUrl="jdbc:mysql://127.0.0.1:3306/bookshop?useUnicode= true&character
     Encoding=gbk";
    String dbUser="root";
    String dbPwd="root";
    try{
        Class.forName(dbDriver); //加载驱动
        conn=DriverManager.getConnection(dbUrl, dbUser, dbPwd); //连接数据库
        stmt=conn.createStatement();
        String strSql=" update manager set maemail='zhangm1998@163.com' where maid=
        'm0006' ";
        int intTemp=stmt.executeUpdate(strSql);
        if(intTemp!=0){
            out.println("管理员用户修改成功!");
            response.setHeader("refresh","3;URL=selectMysql.jsp");
        }
        else{
            out.println("管理员用户修改失败!");
        }
    }catch(Exception e){
        out.println(e.getMessage());
    }finally{
        if(stmt!=null) stmt.close();
        if(conn!=null) conn.close();
    }
%>
```

编写好测试代码后,将项目工程载入 Tomcat,发布该 Web 应用,并在浏览器中输入 http://127.0.0.1:8080/bookshop/updateMysql.jsp 进行数据库修改数据的测试,测试成功界面如图 11-9 和图 11-10 所示。

图 11-9　管理员信息修改成功

图 11-10 管理员信息查询

11.2.4 JSP 删除数据

【示例 11.6】 使用 JSP 应用程序在 MySQL 数据库 bookshop 中删除数据。

```
<%@ page contentType="text/html;charset=GB2312" language="java" %>
<%@ page import="java.sql.*"%>
<html>
<head><title> 删除数据 </title></head>
<%
    Connection conn=null;
    Statement stmt=null;
    //mysql 数据库连接属性设置
    String dbDriver="com.mysql.jdbc.Driver";
    String dbUrl="jdbc:mysql://127.0.0.1:3306/bookshop?useUnicode=
    true&characterEncoding=gbk";
    String dbUser="root";
    String dbPwd="root";
    try{
        Class.forName(dbDriver);  // 加载驱动
        conn=DriverManager.getConnection(dbUrl, dbUser, dbPwd);  // 连接数据库
        stmt=conn.createStatement();
        String strSql="delete from manager where maid='m0006'";
        int intTemp=stmt.executeUpdate(strSql);
        if(intTemp!=0){
            out.println(" 管理员用户删除成功 !");
            response.setHeader("refresh","3;URL=selectMysql.jsp");
        }
        else{
            out.println(" 管理员用户删除失败 !");
        }
    }catch(Exception e){
        out.println(e.getMessage());
    }finally{
```

```
            if(stmt!=null) stmt.close();
            if(conn!=null) conn.close();
    }
%>
```

编写好测试代码后,将项目工程载入 Tomcat,发布该 Web 应用,并在浏览器中输入网址 http://127.0.0.1:8080/bookshop/deleteMysql.jsp 进行数据库删除数据的测试,测试成功界面如图 11-11 和图 11-12 所示。

图 11-11　管理员信息删除成功

图 11-12　管理员信息查询

项目 12

PHP+MySQL 开发企业新闻系统

学习目标

● 知识目标

1. 了解企业新闻系统设计与开发过程。
2. 了解企业新闻系统数据库的设计。
3. 掌握企业新闻系统后台开发流程。
4. 了解企业新闻前台页面的设计与开发。

● 能力目标

1. 具备企业新闻系统设计与开发的能力。
2. 能够实现企业新闻系统数据库的设计。
3. 具备企业新闻系统后台开发的能力。

● 素质目标

1. 培养独立或合作设计软件项目系统实践的方案,根据数据库设计步骤,选择并运用适当的软件工具实现软件项目目标。

2. 通过对项目的学习,让学生辨别优秀的项目作品,提高学生的审美以及从优秀作品中领悟到设计隐含的逻辑美。

● 素质园地

1. 为了发展我国的软件产业,必须提高软件企业和软件人员的职业素质及道德规范。

2. 引导学生从多个不同角度,系统而全面地分析国内软件公司的集体素质和个体素质,从业务素质和道德规范两个方面,对国内软件工程师提出了基本要求,最后探讨软件工程职业道德规范和实践要求的国际标准。

项目简介

某企业经理要求技术员小黄制作本企业新闻系统,明确提出了以下几点要求:①想对企业新闻进行网络平台建设,如网络宣传平台、企业新闻平台;②新闻系统能够发布企业的最新动态；③管理员能够对企业新闻、新闻分类进行管理。企业新闻网站是企业网上"门面"，许多客户可能并没有到过该企业，只是从网站中进行了解，然后建立信任关系，从而完成交易。所以企业新闻网站与企业"门面"一样重要，并且随着经济的发展，会越来越重要。项目12 知识要点如图12-1 所示。

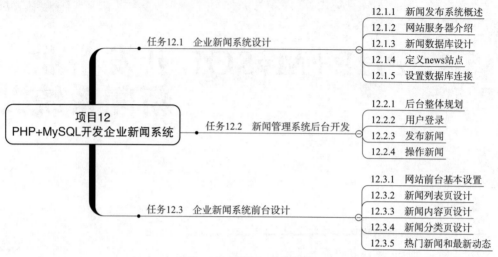

图 12-1　项目 12 知识要点

单词学习

1. Monitor 监视
2. Component 组件
3. Wizard 向导
4. Alert 警告
5. Post 提交
6. Include 引入
7. Form 表单
8. Bottom 底部
9. Array 数组
10. Align 排列

任务 12.1　企业新闻系统设计

企业新闻系统主要实现对企业新闻的分类、上传、审核、发布，通过对新闻的不断更新，让用户及时了解企业信息、企业状况。所以企业新闻系统中所涉及的主要操作就是访问者的新闻查询功能和系统管理员对企业新闻的新增、修改、删除功能。本任务主要讲述使用 PHP 实现企业新闻系统。

12.1.1　新闻发布系统概述

企业新闻系统，在技术上主要体现为如何显示企业新闻，以及对新闻及新闻分类的修改和删除。一个完整的企业新闻共分为两大部分，一个是访问者访问新闻的动态网页部分，二是管理者对新闻进行编辑的动态网页部分。

在进行企业新闻系统开发之前，要对项目整体文件夹组织进行规划。对项目中使用的文件进行合理的分类，分别放置不同的文件夹下。本项目的文件组织架构规划如图 12-2 所示。

图 12-2　文件组织架构

12.1.2　网站服务器介绍

PHP 集成环境搭建工具有多种，以下为主推的四款比较流行、好用、免费的 PHP 集成环境工具。本项目使用的是 PhpStudy 工具。

（1）PhpStudy

PhpStudy 国内多年老牌公益软件，集安全，高效，功能与一体，已获得全球用户认可安装，运维也高效。支持一键 LAMP、LNMP、集群、监控、网站、FTP、数据库、JAVA 等 100 多项服务器管理功能。支持 Web 端管理，一键创建网站、FTP、数据库、SSL；安全管理，计划任务，文件管理，PHP 多版本共存及切换。

（2）XAMPP

XAMPP（Apache+MySQL+PHP+PERL）是一个功能强大的建站集成软件包。它可以在 Windows、Linux、Solaris、Mac OS X 等多种操作系统下安装使用，支持多语言：英文、简体中文、繁体中文、韩文、俄文、日文等。

（3）AppServ

AppServ 是 PHP 网页架站工具组合包，可用于一键架设 PHP 环境。编者将一些网络上免费的建站资源重新包装成单一的安装程序，其中涵盖了如：Apache、Apache Monitor、PHP、MySQL、PHP-Nuke 和 phpMyAdmin 等。用户使用 AppServ，再也不用劳神费力地去下载各个程序的安装包，一一安装了，以方便初学者快速完成架站。

（4）WampServer

WampServer 是 Windows Apache Mysql PHP 集成安装环境，即在 Windows 下的 apache、php 和 mysql 的服务器软件。PHP 扩展、Apache 模块，开启 / 关闭单击一下就搞定，再也不用亲自去修改配置文件了，WAMP 它会去做。再也不用到处询问 php 的安装问题了，WAMP 一切都搞定了。

12.1.3　新闻数据库设计

使用 phpMyAdmin 创建数据库名为 cms，在其中创建三张表，管理员表 tb_admin、新闻信息表 tb_news 和新闻分类表 tb_newstype 功能。表结构如图 12-3~图 12-5 所示。

字段	类型	整理	属性	Null	默认	额外
uid	int(11)			否		auto_increment
username	varchar(20)	gb2312_chinese_ci		否		
password	varchar(10)	gb2312_chinese_ci		否		
email	varchar(50)	gb2312_chinese_ci		否		
state	char(1)	gb2312_chinese_ci		否		

图 12-3　tb_admin 表结构

字段	类型	整理	属性	Null	默认	额外
nid	int(11)			否		auto_increment
title	varchar(100)	gb2312_chinese_ci		否		
tid	char(10)	gb2312_chinese_ci		否		
author	varchar(30)	gb2312_chinese_ci		否		
time	datetime			是	NULL	
hits	int(11)			是	NULL	
content	text	gb2312_chinese_ci		否		

图 12-4　tb_news 表结构

字段	类型	整理	属性	Null	默认	额外
tid	int(10)			否		auto_increment
typename	varchar(20)	gb2312_chinese_ci		否		
flag	char(1)	gb2312_chinese_ci		否		

图 12-5　tb_newstype 表结构

12.1.4　定义 news 站点

在 phpstudy 中创建一个"企业新闻系统"网站站点 news，创建 news 站点的具体操作步骤如下：

（1）首先启动 phpstudy，在"网站"选项卡中，单击"管理"，在下拉列表中选择"打开根目录"，如图 12-6 所示。

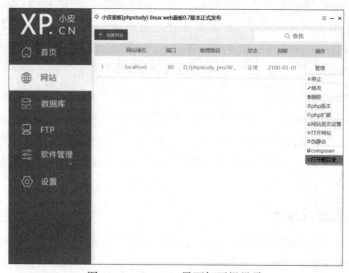

图 12-6　phpstudy 界面打开根目录

（2）然后把 news 源文件夹复制到指定路径 D:\phpstudy_pro\www 下。如图 12-7 所示，所有建立的程序文件都放在此文件夹下。

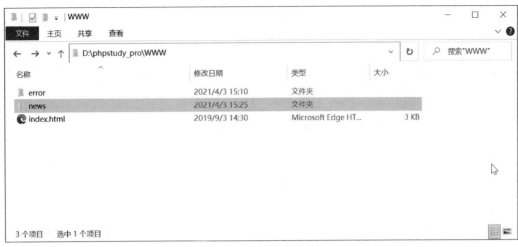

图 12-7　建立站点文件夹

12.1.5　设置数据库连接

设计好数据库之后，需要将数据库连接到网页上，这样网页才能调用数据库和存储相应的信息。由于新闻发布系统的大部分页面都需要建立与数据库的连接，所以将用于与数据库进行连接的代码放入单独的文件 conn.php 中，在需要与数据库进行连接的页面中，用 PHP 提供的 include 语句包含该文件即可。

在站点文件夹创建 conn.php 空白页面，输入以下数据库连接代码：

```php
<?php
 $conn=mysql_connect("localhost","root","root")or die("mysql 连接失败 ");
 //连接数据库服务器
 mysql_select_db("cmsdb")or die("db 连接失败 ");           // 连接指定的数据库
 mysql_set_charset("gb2312");
 mysql_query("set names 'gb2312'");                         // 设置数据库的编码格式
?>
```

如果需要更改数据库名称，只要将该代码中的 cmsdb 做相应的更改即可实现，同时用户名和密码与本地安装的用户名和密码要保持一致。

任务 12.2　新闻管理系统后台开发

一个完善的企业新闻系统要提供一个网站所有者一个功能齐全的后台管理功能，例如，网站所有者登录后台可以进行发布新闻、编辑新闻、删除新闻等管理。本任务主要介绍使用 PHP 进行企业新闻系统后台开发的方法。

12.2.1 后台整体规划

本任务将所有制作的后台管理页面放置在 admin 文件夹下,和单独设计的一个网站一样,需要建立一些常用的文件夹,如用于放置网页样式表的文件夹 css,放置图片的文件夹 images 等,设计完成的整体文件夹及文件如图 12-8 所示。

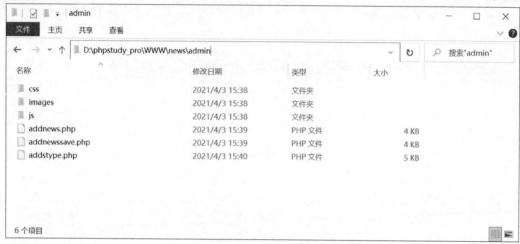

图 12-8 网站后台文件结构

12.2.2 用户登录

后台管理员在进行后台管理时都需要先进行身份验证。用户登录功能在 login.php 文件中完成。在单击"登录"按钮后,判断用户名和密码是否正确,如果正确则登录成功,进入系统主页面 index.php,否则将出提示信息。具体步骤如下:

(1)判断用户名和密码是否为空,应用的是 JavaScript 自定义脚本函数。该段程序是验证表单时经常使用的方法,读者可以重点浏览并掌握其功能,在其他系统的开中也经常被使用到,主要的代码如下:

```
<script language="javascript">
function checkinput(){
    if(form1.username.value==''){
        alert('请输入用户名');
        form1.username.select();
        return false;
    }
    if(form1.password.value=='') {
        alert('请输入密码');
        form1.password.select();
     return false;
    }
    return true;
}
</script>
```

(2)设置表单进行验证。

```
<form name="form1" method="post" action="checkadmin.php" onsubmit="return checkinput()">
</form>
```

（3）checkadmin.php 是判断管理员身份是否正确的页面，如果正确则登录成功，否则将提示用户和密码不正确，使用 PHP 编写的程序如下：

```
<?php
include 'conn.php';
$username=$_POST['username'];
$password=$_POST['password'];
$result=mysql_query("select count(*) from tb_admin where username='$username'"
                . "and password='$password'");
$row=mysql_fetch_row($result);
if($row[0]!=1) {
  echo "<script>alert('你输入的用户名或密码不正确');location.href='login.php'</script>";
  exit;
}
else{
    echo "<script>location.href='index.php'</script>";
}
?>
```

后台登录界面如图 12-9 所示。

图 12-9 后台登录界面

12.2.3 发布新闻

1. 添加新闻

用于添加新闻的页面是 news_add.php，实现的方法就是采集新闻的字段进行数据的插入操作。具体操作步骤如下：

（1）在点击"发表"按钮时，还要实现所有的字段检查功能，调用 javascript 程序进行检查的代码如下：

```
<script language="javascript">
function checkinput(){
   if(form1.title.value==''){
        alert('请输入新闻标题');  form1.title.select();  return false;
    }
   if(form1.author.value==''){
```

```
            alert('请输入作者');  form1.author.select();  return false;
        }
        if(form1.typeid.value==''){
            alert('请选择新闻类型');  return false;
        }
        if(form1.hits.value==''){
            alert('请输入点击数');  form1.hits.select();  return false;
        }
        if(form1.content.value==''){
            alert('请输入新闻内容');  form1.content.select();  return false;
        }
        return true;
    }
</script>
```

（2）从数据库读取新闻分类，并显示在页面。

```
<td> <select name="typeid" id="typeid">
<?php
    include 'conn.php';
    $result=mysql_query("select * from tb_newstype");
    while($row=mysql_fetch_array($result))
    {
    ?>
    <option value=<?php echo $row['tid']?>><?php echo $row['typename']?></option>
    <?
    }
?>
</select></td>
```

显示新闻分类效果如图 12-10 所示。

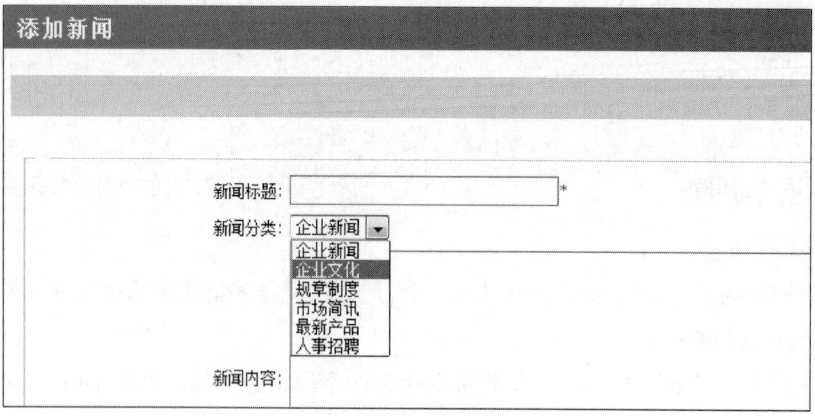

图 12-10　显示新闻分类

（3）设置表单进行验证。

```
<form name="form1" method="post" action="news_addsave.php"
onsubmit="return checkinput()">
</form>
```

（4）提交表单信息到数据处理页 news_addsave.php。在处理页中，通过 mysql_query() 函数执行 insert 语句，将获取的新闻标题、作者、新闻分类、新闻内容等参数使用 insert 语句，并最终通过 mysql_query() 函数执行 insert 语句，将数据添加到数据表中。具体代码如下：

```php
<?php
  include 'conn.php';
  $title=$_POST['title'];
  $author=$_POST['author'];
  $typeid=$_POST['typeid'];
  $hits=$_POST['hits'];
  $content=$_POST['content'];
  $result=mysql_query("insert into tb_news(title,author,tid,time,hits,content)"
                    . " values('$title','$author','$typeid',now(),
'$hits','$content')");
  if($result==1){
     echo "<script>alert('添加成功!');location.href='news_add.php'</script>";
  }else{
     echo "<script>alert('添加不成功!');location.href='news_add.php'</script>";
  }
?>
```

发布新闻的页面如图 12-11 所示。

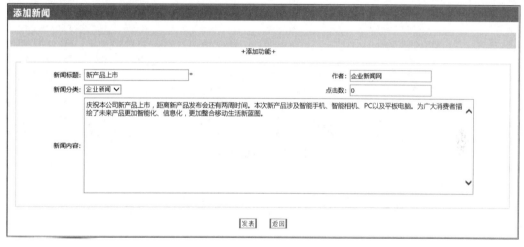

图 12-11　发布新闻界面

2. 新闻列表

在 news.php 页面显示新闻列表，是使用 SELECT 语句从数据表中读取所有数据显示在页面上。由于显示的内容涉及两张表，在读取时使用表的连接方法，把 tb_news 的 tid 字段和 tb_newstype 表的 tid 字段连接起来。具体代码如下：

```php
<?php
  include 'conn.php';
  $result=mysql_query("select * from tb_news,tb_newstype"
                    ."where tb_news.tid=tb_newstype.tid order by nid");
  while($row=mysql_fetch_array($result)){
```

```
    ?>
        <tr bgcolor="#FFFFFF">
        <td valign="bottom"><input type="checkbox" name="delid"/></td>
        <td valign="bottom"><?php echo $row['nid']?></td>
        <td valign="bottom"><?php echo $row['title']?></td>
        <td valign="bottom"><?php echo $row['typename']?></td>
        <td valign="bottom"><?php echo $row['author']?></td>
        <td valign="bottom"><?php echo $row['hits']?></td>
        <td valign="bottom"><?php echo $row['time']?></td>
        <td valign="bottom"><a href="">查看</a> | <a href="">修改</a> | <a href="">删除</a></td>
        </tr>
        <?php
    }
    ?>
```

显示新闻列表的页面如图 12-12 所示：

选择	新闻编号	新闻标题	新闻分类	作者	点击数	创建时间	操作
☐	1	二十国集团峰会	规章制度	企业新闻网	0	2014-01-20 15:58:11	查看 | 修改 | 删除
☐	2	华祥苑茶业股份有限公司	最新产品	企业新闻网	0	2014-01-20 16:00:08	查看 | 修改 | 删除
☐	3	国投组织开展科技领导力研修	企业文化	企业新闻网	23	2014-01-20 16:07:37	查看 | 修改 | 删除
☐	4	国家电网公司全力迎战高温高负荷	规章制度	企业新闻网	0	2014-01-20 00:00:00	查看 | 修改 | 删除
☐	5	茅台镇中小酒企面临生死大考	企业新闻	企业新闻网	5	2014-01-20 00:00:00	查看 | 修改 | 删除
☐	6	娃哈哈150亿进军白酒业	企业新闻	企业新闻网	5	2014-01-20 00:00:00	查看 | 修改 | 删除
☐	7	三星在华发布12款新品	企业新闻	企业新闻网	12	2014-01-20 00:00:00	查看 | 修改 | 删除
☐	8	重构国企改革微观技术	企业新闻	企业新闻网	4	2014-01-20 00:00:00	查看 | 修改 | 删除
☐	9	华为去年销售收入 同比增长8%	规章制度	企业新闻网	6	2014-01-20 00:00:00	查看 | 修改 | 删除
☐	10	中联重科播报频传 科技创新促进企业"良性循环"	市场简讯	企业新闻网	4	2014-01-20 00:00:00	查看 | 修改 | 删除
☐	11	恶意超标企业就要变成过街老鼠	市场简讯	企业新闻网	3	2014-01-20 00:00:00	查看 | 修改 | 删除
☐	12	英媒曝万达将以1.75亿英镑收购南安普敦	企业新闻	企业新闻网	0	2014-01-20 00:00:00	查看 | 修改 | 删除

图 12-12　显示新闻列表

3. 分页显示

在 news.php 新闻列表页面使用分页技术输出新闻的相关信息。具体操作步骤如下：

（1）在 news.php 页面显示第 1 页的信息。具体代码如下：

```php
<?php
    include 'conn.php';
    $pagesize=3;            //每页显示的数量
    $rowcount=0;            //共有多少条新闻
    $pagenow=1;             //显示第几页
    $pagecount=0;           //共有多少页
    $result=mysql_query("select count(*) as total from tb_news");
    $row2=mysql_fetch_array($result);
    $rowcount=$row2['total'];                       //新闻记录总量
    $pagecount=ceil($rowcount/$pagesize);           //总页数

    //当前页码
    if(!empty($_GET['page'])){
```

```php
    $pagenow=$_GET['page'];
  }

  $result=mysql_query("select * from tb_news,tb_newstype  where "
." tb_news.tid=tb_newstype.tid order by nid  limit ".($pagenow-1)*$pagesize.", $pagesize");
  while($row=mysql_fetch_array($result)){
   ?>
      <tr bgcolor="#FFFFFF">
      <td valign="bottom"><input type="checkbox" name="delid"/></td>
      <td valign="bottom"><?php echo $row['nid']?></td>
      <td valign="bottom"><?php echo $row['title']?></td>
      <td valign="bottom"><?php echo $row['typename']?></td>
      <td valign="bottom"><?php echo $row['author']?></td>
      <td valign="bottom"><?php echo $row['hits']?></td>
      <td valign="bottom"><?php echo $row['time']?></td>
<td valign="bottom"><a href=""> 查看 </a> | <a href=""> 修改 </a> | <a href=""> 删除 </a></td>
       </tr>
     <?php
   }
?>
```

（2）打印页码信息。具体代码如下：

```php
 <tr>
<td width="50%"> 共 <span class="right-text09"><?php echo $pagecount?></span> 页 | 第
<span class="right-text09"><?php echo $pagenow?></span> 页 </td>
     <td width="49%" align="right">
     [<a href="?page=1" class="right-font08"> 首页 </a>

     <?php
      for($i=1;$i<=$pagecount;$i++){
         echo "<a href='news.php?page=$i'>[$i]</a> ";
       }
     ?>
     <?php
       if($pagenow>1){
         $prepage=$pagenow-1;
         echo "<a href='news.php?page=$prepage'> 上一页 </a> ";
        }
     ?>
     <?php
      if($pagenow<$pagecount){
         $nextpage=$pagenow+1;
         echo "<a href='news.php?page=$nextpage'> 下一页 </a> ";
       }
     ?>
     <a href="news.php?page=<?php echo $pagecount ?>" class="right-font08"> 末
页 </a>]</td>
  </tr>
```

分页显示效果如图 12-13 所示。

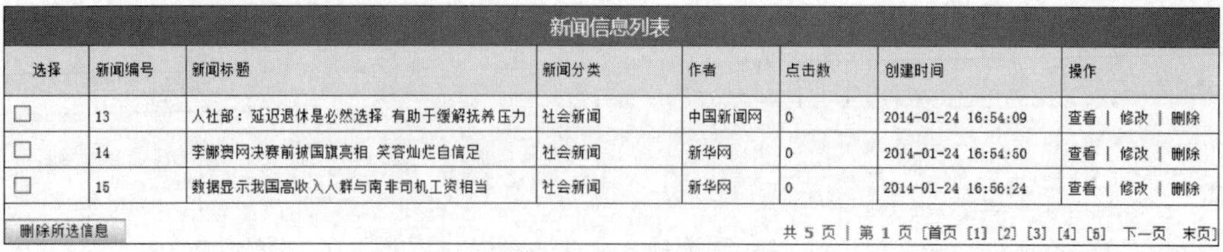

图 12-13 分页显示新闻

4. 查看新闻

在 news.php 页面，查看新闻即显示具体新闻的页面，通常包括显示所有新闻的标题、时间、作用以及具体内容。

（1）在 news.php 页面给"查看"文字加上超连接。具体代码如下：

```
<a href="news_show.php?id=<?php echo $row[nid]?>">查看</a>
```

（2）新建 news_show.php 页面，并把新闻的具体信息查询并显示出来。具体代码如下：

```php
<?php
    include 'conn.php';
    $id=$_GET['id'];
    $result=mysql_query("select * from tb_news,tb_newstype"
                        ."where tb_news.tid=tb_newstype.tid and nid=$id");
    while($row=mysql_fetch_array($result)){
?>
<tr>
    <td width="16%" height="20" align="right" bgcolor="#FFFFFF">新闻标题：</td>
    <td width="84%" colspan="2" bgcolor="#FFFFFF"><?php echo $row['title']?></td>
</tr>
<tr>
    <td height="20" align="right" bgcolor="#FFFFFF">新闻分类：</td>
    <td colspan="2" bgcolor="#FFFFFF"><?php echo $row['typename']?></td>
</tr>
<tr>
    <td height="20" align="right" bgcolor="#FFFFFF">作者：</td>
    <td colspan="2" bgcolor="#FFFFFF"><?php echo $row['author']?></td>
</tr>
<tr>
    <td height="20" align="right" bgcolor="#FFFFFF">发布时间：</td>
    <td colspan="2" bgcolor="#FFFFFF"><?php echo $row['time']?></td>
</tr>
<tr>
    <td height="80" align="right" bgcolor="#FFFFFF">新闻内容：</td>
    <td colspan="2" bgcolor="#FFFFFF"><?php echo $row['content']?></td>
</tr>
<?php
    }
?>
```

查看新闻的页面效果如图 12-14 所示。

新闻详细内容	
新闻标题：	人社部：延迟退休是必然选择 有助于缓解抚养压力
新闻分类：	社会新闻
作者：	中国新闻网
发布时间：	2014-01-24 16:54:09
新闻内容：	1月24日电 人社部新闻发言人李忠今日指出，中国现在的平均预期寿命是75岁……

图 12-14 查看新闻的页面效果

12.2.4 操作新闻

1. 查询新闻

查询新闻的操作在 news.php 文件中完成，所以只需要对原来的代码稍作修改即可。

（1）在 news.php 设置查询按钮提交的表单。具体代码如下：

```
<form method="get" action="news.php" name="sou" id="sou" >
</form>
```

（2）在 news.php 中修改接收查询文本框 key 的值，修改原来语句的查询条件。具体代码如下：

```php
<?php
    include 'conn.php';
    $key=empty($_GET['key'])?"":$_GET['key'];
    $parm="1=1";
    if($key!=""){
        $parm=" title like '%$key%'";
    }

    $pagesize=3;          //每页显示的数量
    $rowcount=0;          //共有多少条新闻
    $pagenow=1;           //显示第几页
    $pagecount=0;         //共有多少页
    $result=mysql_query("select count(*) as total from tb_news where $parm");
    $row2=mysql_fetch_array($result);
    $rowcount=$row2['total'];                   //新闻记录总量
    $pagecount=ceil($rowcount/$pagesize);       //总页数

    //当前页码
    if(!empty($_GET['page'])){
        $pagenow=$_GET['page'];
    }

    $result=mysql_query("select * from tb_news,tb_newstype
             where tb_news.tid=tb_newstype.tid and $parm order by nid
             limit ".($pagenow-1)*$pagesize." ,$pagesize");
```

```
            while($row=mysql_fetch_array($result))
        {
    ?>
    <tr bgcolor="#FFFFFF">
        <td valign="bottom"><input type="checkbox" name="delid"/></td>
        <td valign="bottom"><?php echo $row['nid']?></td>
        <td valign="bottom"><?php echo $row['title']?></td>
        <td valign="bottom"><?php echo $row['typename']?></td>
        <td valign="bottom"><?php echo $row['author']?></td>
        <td valign="bottom"><?php echo $row['hits']?></td>
        <td valign="bottom"><?php echo $row['time']?></td>
<td valign="bottom"><a href="">查看</a> | <a href="">修改</a> | <a href="">删除</a></td>
    </tr>
    <?php
        }
    ?>
```

(3)修改页码传递的参数。

```
<?php
    for($i=1;$i<=$pagecount;$i++){
        echo "<a href='?page=$i&key=$key'>[$i]</a> ";
    }
?>
<?php
if($pagenow>1) {
    $prepage=$pagenow-1;
    echo "<a href='listnews.php?page=$prepage&key=$key'>上一页</a> ";
}
?>
<?php
if($pagenow<$pagecount){
    $nextpage=$pagenow+1;
    echo "<a href='listnews.php?page=$nextpage&key=$key'>下一页</a> ";
}
?>
```

查询新闻的页面效果如图 12-15 所示:

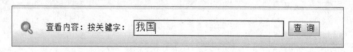

图 12-15 查询新闻

2. 修改新闻

在新闻发布后,如果发现发布的新闻信息有错误,可以通过单击"修改"超链接进行新闻信息的修改。修改新闻包括两部分,首先从数据表里查询原来的数据显示在页面上,修改完之后再使用 UPDATE 语句更新数据表的信息。

(1)在 news.php 页面给"修改"文字添加超链接。具体代码如下:

```
<a href="news_update.php?id=<?php echo $row[nid]?>">修改</a>
```

（2）从数据表里查询原来的数据显示在 news_update.php 页面，具体代码如下：

```php
<?php
    include 'conn.php';
    $id=$_GET['id'];
    $result=mysql_query("select * from tb_news where nid=$id ");
    while($row=mysql_fetch_array($result)) {
?>
</head>
……（省略部分html代码）

<tr>
  <td nowrap align="right" width="15%">新闻标题：</td>
  <td width="35%">
  <input name='title' type="text" class="text" style="width:200px"
      value="<?php echo $row['title']?>" /><span class="red">*</span></td>
  <td align="right">作者：</td>
  <td><input class="text" name='author' style="width:154px"
          value="<?php echo $row['author']?>" /></td>
</tr>
<tr>
  <td align="right">新闻分类：</td>
  <td>
    <select name="typeid" id="typeid" >
  <?php
      include 'conn.php';
      $result2=mysql_query("select * from tb_newstype");
      while($row2=mysql_fetch_array($result2)){
  ?>
        <option value=<?php echo $row['tid']?>
        <?php if($row2['tid']==$row['tid']) echo "selected"?>>
        <?php echo $row2['typename']?>
        </option>
        <?php
    }
    ?>
    </select>
    </td>
        <td width="15%" align="right">点击数：</td>
        <td width="35%" align="left">
    <input class="text" name='hits' style="width:154px" id="hits"
              value="<?php echo $row['hits']?>" /></td>
  </tr>
    <tr>
          <td align="right">新闻内容：</td>
          <td colspan="3"><textarea name="content" cols="120" rows="12">
              <?php echo $row['content']?> </textarea></td>
      </tr>
```

```
    </table>
    <?php
    }
?>
```

（3）设置表单。

```
<form name="form1" method="post" action="news_updatesave.php?id=<?php echo $id ?>" >
</form>
```

（4）新建 news_updatesave.php 页面。把新闻信息修改之后，使用 UPDATE 语句更新原来的数据。代码如下：

```
<?php
  include 'conn.php';
  $id=$_GET['id'];
  $title=$_POST['title'];
  $author=$_POST['author'];
  $tid=$_POST['typeid'];
  $hits=$_POST['hits'];
  $content=$_POST['content'];
  $result=mysql_query("update tb_news set title='$title',author='$author',"
                ."tid='$tid',hits='$hits',content='$content' where nid='$id'");
  if($result==1)
  {
      echo "<script>alert('更新成功!');location.href='news.php'</script>";
  }else
  {
  echo "<script>alert('更新不成功!');location.href='news.php'</script>";
  }
?>
```

修改新闻页面效果如图 12-16 所示。

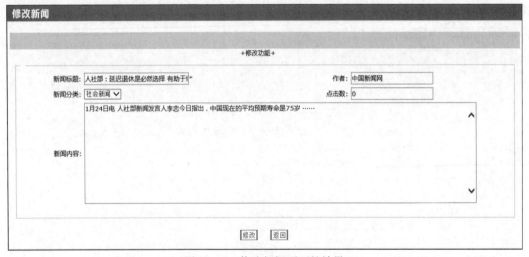

图 12-16　修改新闻页面的效果

3. 删除新闻

新闻系统提供了删除功能，通过单击"删除"超链接即可以将新闻信息从数据库中删除。具体操作步骤如下：

（1）在 news.php 页面给"删除"文字添加超链接。具体代码如下：

```
<a href="news_delete.php?id=<?php echo $row[nid]?>">删除 </a>
```

（2）新建立 deletenews.php 页面。根据新闻编号，完成删除新闻的功能。具体代码如下：

```php
<?php
  include 'conn.php';
  $id=$_GET['id'];
  $result=mysql_query("delete from tb_news where nid='$id'");
  if($result==1){
     echo "<script>alert('删除成功!');location.href='news.php'</script>";
  }else {
     echo "<script>alert('删除不成功!');location.href='news.php'</script>";
  }
?>
```

删除新闻页面如图 12-17 所示。

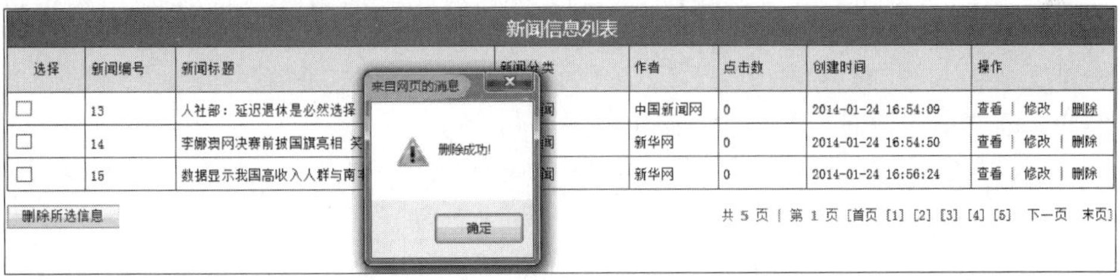

图 12-17　修改新闻页面的效果

4. 批量删除

（1）在 news.php 中设置复选框的 name 值为数组 id[]，value 为新闻的编号。具体代码如下：

```
<input type="checkbox" name="id[]" value="<?php echo $row["nid"];?>"/>
```

（2）设置复选框跳转表单。具体代码如下：

```
<form name="form1" method="post" action="news_deleteall.php" >
</form>
```

（3）新建 news_deleteall.php，完成删除所选的新闻信息。具体代码如下：

```php
<?php
   include 'conn.php';
   $id=$_POST["id"];
   foreach($id as $v) {
       $result=mysql_query("delete from tb_news where nid='$v'");
   }
   echo "<script>alert('批量删除操作成功');location.href='news.php'</script>";
?>
```

批量删除页面效果如图 12-18 所示。

图 12-18　批量删除新闻页面的效果

通过以上内容的介绍，企业新闻系统后台的新闻发布核心部分已介绍完了。读者可按照以上讲述的内容，完成新闻分类的添加、显示、分页、修改和删除操作。读者在使用时，可以根据自己的需求对网站进行一定的完善和更改，达到自己的使用要求。

任务 12.3　企业新闻系统前台设计

12.3.1　网站前台基本设置

1. include 语句

本案例的首页 index.php 主要由 top.php、left.php、bottom.php 共 3 个二级页面组成的。其他页面需要用到这些页面时只需使用 include 语句把它引入即可。具体做法可以参考源代码。

例如，需要引入顶部菜单文件，使用以下语句即可。

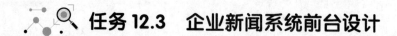

2. 设置数据库连接

本案例前台也和后台一样，需要将用于与数据库进行连接的代码放入一个单独的文件 conn.php 中，在需要与数据库进行连接的页面中，用 PHP 提供的 include 语句包含该文件即可。

在站点文件夹创建 conn.php 空白页面，输入以下数据库连接代码。

```php
<?php
    $conn=mysql_connect("localhost","root","root")or die("mysql 连接失败");
    //连接数据库服务器
    mysql_select_db("cmsdb")or die("db 连接失败");        //连接指定的数据库
    mysql_set_charset("gb2312");
    mysql_query("set names 'gb2312'");                   //设置数据库的编码格式
?>
```

如果需要更改数据库名称，只要将该代码中的 cmsdb 做相应的更改即可实现，同时用户名和密码在本地安装的用户名和密码要保持一致。

12.3.2　新闻列表页设计

（1）新闻分页显示，先显示第 1 页的新闻信息。代码如下：

```php
<?php
    include 'conn.php';
    $pagesize=20;                    //每页显示的数量
    $rowcount=0;                     //共有多少条新闻
```

```php
$pagenow=1;                                    // 显示第几页
$pagecount=0;                                  // 共有多少页
$result=mysql_query("select count(*) as total from tb_news");
$row2=mysql_fetch_array($result);
$rowcount=$row2['total'];                      // 新闻记录总量
$pagecount=ceil($rowcount/$pagesize);          // 总页数

// 当前页码
if(!empty($_GET['page'])){
    $pagenow=$_GET['page'];
}
$result=mysql_query("select * from tb_news limit ".($pagenow-1)*$pagesize.",$pagesize");
while($row=mysql_fetch_array($result))
{
?>
<li><a href="content.php?id=<?php echo $row['nid']?>"><?php echo $row['title']?></a>
<span><?php echo date('Y-m-d', strtotime($row['time']))?></span></li>
<?php
}
?>
```

（2）显示分页页码。

```php
<div class="fanye">
<div class="fanye_left">页次：<?php echo $pagenow?>/<?php echo $pagecount?>页 每页<?php echo $pagesize?>条信息</div>
<div class="fanye_right">分页：
<?php
  for($i=1;$i<=$pagecount;$i++){
    echo "<a href='?page=$i'>[$i]</a>";
    }
?>
<?php
  if($pagenow>1) {
    $prepage=$pagenow-1;
    echo "<a href='index.php?page=$prepage'>上一页</a>";
  }
?>
<?php
  if($pagenow<$pagecount){
    $nextpage=$pagenow+1;
    echo "<a href='index.php?page=$nextpage'>下一页</a>";
  }
?>
  </div>
</div>
```

显示新闻列表页面效果如图 12-19 所示。

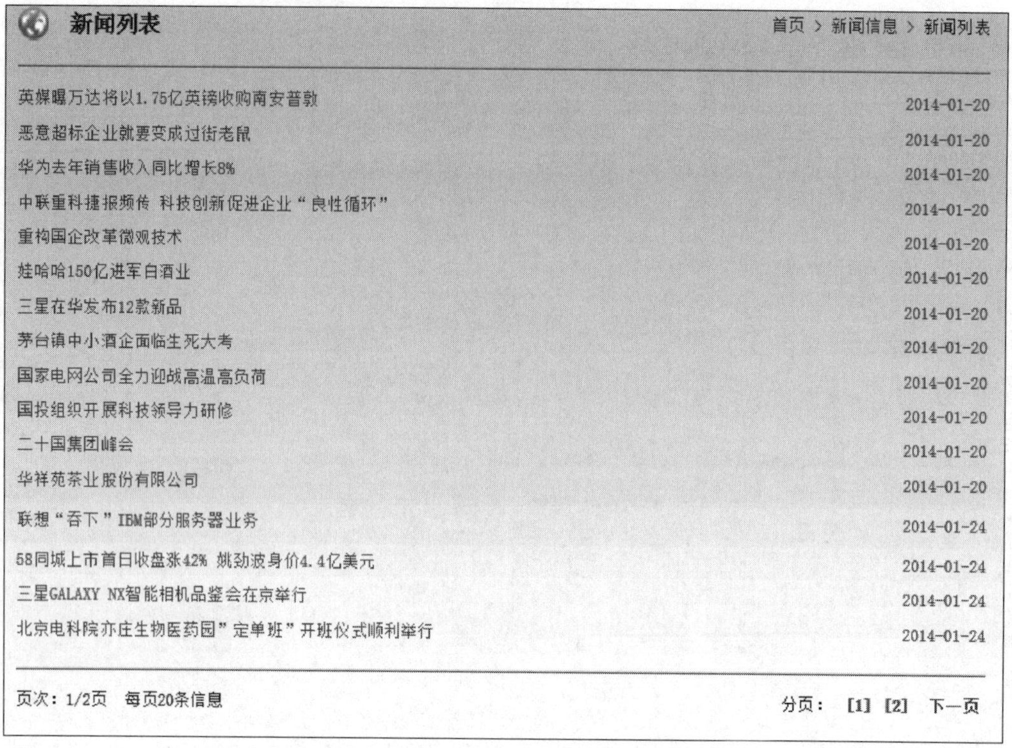

新闻列表	首页 > 新闻信息 > 新闻列表
英媒曝万达将以1.75亿英镑收购南安普敦	2014-01-20
恶意超标企业就要变成过街老鼠	2014-01-20
华为去年销售收入同比增长8%	2014-01-20
中联重科捷报频传 科技创新促进企业"良性循环"	2014-01-20
重构国企改革微观技术	2014-01-20
娃哈哈150亿进军白酒业	2014-01-20
三星在华发布12款新品	2014-01-20
茅台镇中小酒企面临生死大考	2014-01-20
国家电网公司全力迎战高温高负荷	2014-01-20
国投组织开展科技领导力研修	2014-01-20
二十国集团峰会	2014-01-20
华祥苑茶业股份有限公司	2014-01-20
联想"吞下"IBM部分服务器业务	2014-01-24
58同城上市首日收盘涨42% 姚劲波身价4.4亿美元	2014-01-24
三星GALAXY NX智能相机品鉴会在京举行	2014-01-24
北京电科院亦庄生物医药园"定单班"开班仪式顺利举行	2014-01-24
页次：1/2页　每页20条信息	分页： [1] [2] 下一页

图 12-19　显示新闻列表页面的效果

12.3.3　新闻内容页设计

在 content.php 页面根据新闻的编号显示相应的新闻内容、标题、新闻时间等信息。

```php
<?php
    include 'conn.php';
    $id=$_GET['id'];
    $result=mysql_query("select * from tb_news,tb_newstype"
            ."where tb_news.tid=tb_newstype.tid and nid=$id");
    while($row=mysql_fetch_array($result))
    {
    ?>
    <div class="right_title"><b><?php echo $row['title']?></b>
    <div>首页 &gt;新闻信息 &gt;<span><?php echo $row['typename']?></span></div>
    </div>
    <div class="xiangqing">
    <div class="laiyuan">作者：<?php echo $row['author']?>
                发布时间：<?php echo $row['time']?></div>
                <?php echo $row['content']?>
    </div>
    <?php
    }
?>
```

显示新闻内容页面效果如图 12-20 所示。

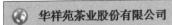

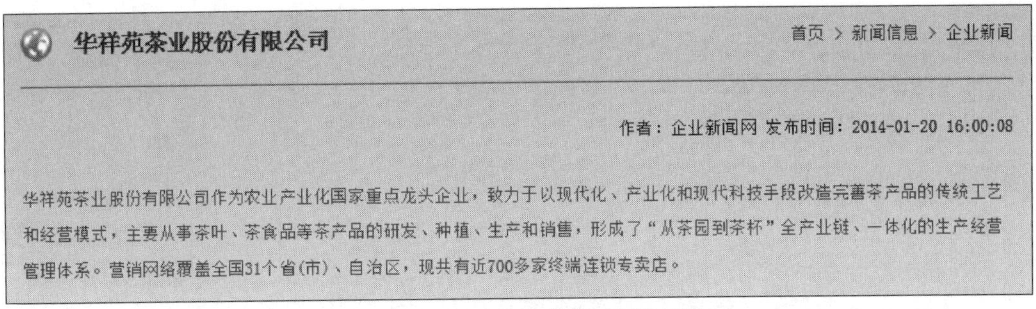

华祥苑茶业股份有限公司
首页 > 新闻信息 > 企业新闻
作者：企业新闻网 发布时间：2014-01-20 16:00:08
华祥苑茶业股份有限公司作为农业产业化国家重点龙头企业，致力于以现代化、产业化和现代科技手段改造完善茶产品的传统工艺和经营模式，主要从事茶叶、茶食品等茶产品的研发、种植、生产和销售，形成了“从茶园到茶杯”全产业链、一体化的生产经营管理体系。营销网络覆盖全国31个省(市)、自治区，现共有近700多家终端连锁专卖店。

图 12-20　显示新闻内容页面的效果

12.3.4　新闻分类页设计

（1）在 left.php 页面，列出新闻分类。

```
<?php
  include 'conn.php';
  $result=mysql_query("select * from tb_newstype");
  while($row=mysql_fetch_array($result))
  {
?>
    <li><a href=" type.php?id=<?php echo $row['tid']?>"><?php echo $row
['typename']?></a></li>
    <?php
  }
?>
```

显示新闻分类效果如图 12-21 所示。

新闻信息
市场简讯
规章制度
最新产品
企业文化
企业新闻
社会新闻
人事招聘

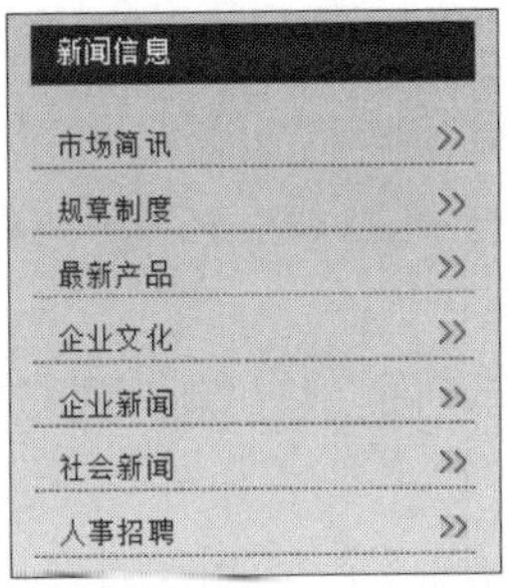

图 12-21　显示新闻分类的效果

（2）在 type.php 页面，显示相应的新闻分类信息。

```
<?php
  include 'conn.php';
  $id=$_GET['id'];
  $pagesize=20;                          //每页显示的数量
  $rowcount=0;                           //共有多少条新闻
  $pagenow=1;                            //显示第几页
  $pagecount=0;                          //共有多少页
  $result=mysql_query("select count(*) as total from tb_news where tid=$id");
  $row2=mysql_fetch_array($result);
  $rowcount=$row2['total'];              //新闻记录总量
```

```php
    $pagecount=ceil($rowcount/$pagesize);               //总页数

    //当前页码
    if(!empty($_GET['page'])){
        $pagenow=$_GET['page'];
    }

    $result=mysql_query("select * from tb_news  where tid=$id
                    limit ".($pagenow-1)*$pagesize." ,$pagesize");
    while($row=mysql_fetch_array($result))
    {
    ?>
      <li><a href="content.php?id=<?php echo $row['nid']?>"><?php echo $row['title']?></a>
      <span><?php echo date('Y-m-d', strtotime($row['time']))?></span></li>
      <?php
    }
    ?>
```

显示分类新闻列表效果如图 12-22 所示。

图 12-22　分类新闻列表

12.3.5　热门新闻和最新动态

（1）在 left.php 页面，显示热门新闻。热门新闻是按照点击率的次数排序，查询出前五条记录。代码如下：

```php
<?php
  include 'conn.php';
  $result=mysql_query("select * from tb_news order by hits limit 0,5");
  while($row=mysql_fetch_array($result))
  {
  ?>
    <li><a href="content.php?id=<?php echo $row['nid']?>">
    <?php echo mb_substr($row['title'],0,13,'gb2312') ?></a></li>
  <?php
  }
  ?>
  <span><a href="#">更多 </a></span>
</ul>
```

热门新闻效果如图 12-23 所示。

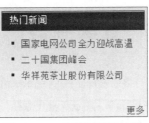

图 12-23　热门新闻的效果

（2）在 left.php 页面，显示最新动态。最新动态是按照新闻时间进行排序，查询出前五条记录。代码如下：

```
<?php
    include 'conn.php';
    $result=mysql_query("select * from tb_news order by time limit 0,5");
    while($row=mysql_fetch_array($result))
    {
?>
    <li><a href="content.php?id=<?php echo $row['nid']?>">
        <?php echo mb_substr($row['title'],0,13,'gb2312') ?></a></li>
<?php
    }
?>
```

最新动态效果如图 12-24 所示。

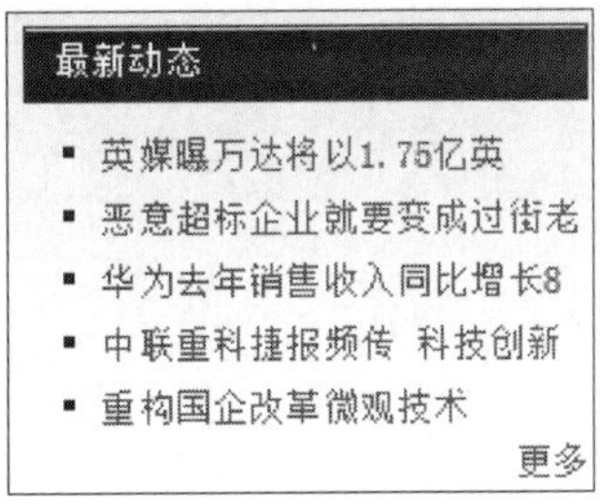

图 12-24　最新动态的效果

参考文献

[1] 软件开发技术联盟. MySQL 自学视频教程 [M]. 北京：清华大学出版社，2014.

[2] 郑阿奇. MySQL 实用教程 [M]. 北京：电子工业出版社，2011.

[3] 刘玉红，郭广新. MySQL 数据库应用案例课堂 [M]. 北京：清华大学出版社，2016.

[4] 孔祥盛. MySQL 数据库基础与实例教程 [M]. 北京：人民邮电出版社，2014.

[5] 传智播客高教产品研发部. MySQL 数据库入门 [M]. 北京：清华大学出版社，2015.

[6] 孙飞显，孙俊玲，马杰. MySQL 数据库实用教程 [M]. 北京：清华大学出版社，2015.

[7] 李辉. 数据库技术与应用：MySQL[M]. 北京：清华大学出版社，2016.

[8] 付森，石亮. MySQL 开发与实践 [M]. 北京：人民邮电出版社，2014.

[9] 武洪萍. MySQL 原理及应用 [M]. 北京：人民邮电出版社，2014.

[10] 刘增杰. MySQL 5.5 从零开始学 [M]. 北京：清华大学出版社，2012.

[11] 王跃胜，黄龙泉. MySQL 数据库技术应用教程 [M]. 北京：电子工业出版社，2014.